Entwicklung qualifizierter Produktionsarbeit
– Ein Praxisbeispiel aus der Elektronikindustrie –

Christof Barth
Werner Hamacher
Claudia Steinacker

Entwicklung qualifizierter Produktionsarbeit

Ein Praxisbeispiel aus der Elektronikindustrie

PETER LANG
Frankfurt am Main · Berlin · Bern · New York · Paris · Wien

Die Deutsche Bibliothek - CIP-Einheitsaufnahme

Barth, Christof:

Entwicklung qualifizierter Produktionsarbeit : ein Praxisbeispiel aus der Elektronikindustrie / Christof Barth ; Werner Hamacher ; Claudia Steinacker. - Frankfurt am Main ; Berlin ; Bern ; New York ; Paris ; Wien : Lang, 1994
ISBN 3-631-46640-4

NE: Hamacher, Werner:; Steinacker, Claudia:

ISBN 3-631-46640-4

Printed in Germany 1 3 4 5 6 7

Das diesem Buch zugrundeliegende Vorhaben wurde mit Mitteln des Bundesministers für Forschung und Technologie im Rahmen des Förderprogramms "Arbeit & Technik" unter den Förderkennzeichen 01 VC 2436 (Vorphase), 01 HH 049/2 (Hauptphase) und dem Titel "Menschengerechte Gestaltung von Arbeitstechnologie und Arbeitsorganisation zur Bewältigung neuer Anforderungen in der Fertigung der Elektronikindustrie" gefördert.

Das vorliegende Buch wurde herausgegeben von:

E-T-A Elektrotechnische Apparate GmbH
Industriestraße 2 - 8
90518 Altdorf/Nürnberg

Inhaltsverzeichnis

1 Vorwort

Die Elektrotechnische Apparate GmbH (E-T-A) führte von 1989 bis 1992 ein Projekt zur menschengerechten Gestaltung von Technologie und Organisation durch. Das Projekt wurde vom Bundesministerium für Forschung und Technologie im Rahmen des Programms "Arbeit & Technik" unter dem Kennzeichen 01 HH 049/2 gefördert.

Das Vorhaben trägt den Titel

Menschengerechte Gestaltung von Arbeitstechnologie und Arbeitsorganisation zur Bewältigung neuer Anforderungen in der Fertigung der Elektronikindustrie

Der Hauptphase des Projekts ging in den Jahren 1984 und 1985 eine ebenfalls durch den Bundesminister für Forschung und Technologie unter dem Förderkennzeichen 01 VC 2436 geförderte Vorphase voraus.

Durch eine ganzheitliche Betrachtung von Technik, Organisation, Qualifizierung sowie des Arbeits- und Gesundheitsschutzes sollte eine menschengerechte Gestaltung eines komplexen Arbeitssystems in der Elektronikindustrie entwickelt und erprobt werden. Dieser Ansatz ermöglichte es, den wachsenden Anforderungen an die Produktion und an die Mitarbeiter gerecht zu werden.

Der vorliegende Bericht beschreibt in einer Gesamtdarstellung der Vor- und Hauptphase die Entwicklung der Hybridfertigung bei E-T-A, die Projektziele, die durchgeführten Analysen und Maßnahmen sowie die Projekterfahrungen.

Für ihre Unterstützung möchten die Autoren an dieser Stelle denjenigen, die an der Realisierung und am Erfolg des Projekts beteiligt waren, Dank aussprechen, insbesondere

- allen Mitarbeitern der E-T-A GmbH für ihre engagierte Mitwirkung an Analysen, Schulungen, Testläufen und Arbeitskreisen,
- Herrn Ellenberger für die Projektleitung,
- Herrn Schopp für seine kooperative Förderung des Projekts,
- Herrn Gluch (Projektträger Arbeit und Technik) für seine konstruktive Begleitung des Projekts,

Das Projekt wurde von einer Arbeitsgruppe geleitet, an der Vertreter der Firma E-T-A GmbH sowie Begleitforscher von Systemkonzept - Gesellschaft für Systemforschung und Konzeptentwicklung mbH, ExperTeam SimTec GmbH, SCIENTIFIC CONSULTING und der TU Berlin, Fachbereich 19 Elektrotechnik, Schwerpunkt: Technologie der Mikroperipherik teilnahmen.

Im Rahmen des Projekts haben sich die Projektbegleiter schwerpunktmäßig mit folgenden Arbeiten beschäftigt:

SCIENTIFIC CONSULTING	- Projektmanagement - Technologietransfer
Systemkonzept	- Ist-Analysen - Organisationsentwicklung - Entwicklung und Umsetzung eines übergreifenden Qualifizierungskonzeptes - Produktionsplanung und -steuerung mit Hilfe der Simulation - Arbeits- und Gesundheitsschutz
ExperTeam SimTec	PC-gestützte Simulation zur Produktionsplanung und -steuerung sowie zur Qualitätssicherung in Arbeitsgruppen
TU Berlin	Entwicklung und Einführung eines Wärmesimulationsprogramms zur Unterstützung der Entwicklung in der Fertigung
Fraunhofer-Institut	Entwicklung und Einsatz automatisierter optischer Kontrollsysteme

Entsprechend der Arbeitsschwerpunkte wurden die Kapitel 1 bis 6 sowie Kapitel 11 und 12 von Scientific Consulting erarbeitet, die Kapitel 9 (mit Ausnahme des Kapitels 9.5) und 11 auf der Basis der von ExperTeam SimTec erstellten Berichte von Scientific Consulting zusammengestellt und die Kapitel 7, 8, 9.5, 10, 13 und 14 von Systemkonzept erarbeitet.

Die im folgenden dargestellten Erfahrungen sollen anderen Firmen als Anregung dienen, wie und mit welchen Mitteln neue Anforderungen in der Fertigung der Elektronikindustrie, unter Berücksichtigung ganzheitlicher Gestaltungsansätze, bewältigt werden können.

2 Unternehmen E–T–A Elektrotechnische Apparate GmbH

Das Unternehmen wurde 1948 von Jakob Ellenberger und Harald A. Poensgen gegründet.

Zunächst wurden Installations- und Schraubautomaten hergestellt, ein Jahr später folgte die Produktion von Sockel- und Schaltautomaten. Ab 1953 nahm E–T–A ein neu entwickeltes Geräteschutzschalterprogramm mit in die Produktion auf. Im Jahr 1969 wurde schließlich die Angebotspalette um elektronische Überwachungsgeräte erweitert. Mit der Gründung einer eigenen Abteilung "Elektronik" erfolgte bei E-T-A der Einstieg in die Mikroelektronik.

Hybrid-Schaltungen werden bei E–T–A seit Anfang der achtziger Jahre produziert. Die Produkte sind für den eigenen Bedarf aber auch für externe Auftraggeber bestimmt. Die gefertigten Schaltungen werden u.a. im Automobilbau, in der Kameraproduktion und in den Geräten der modernen Telekommunikation eingesetzt.

E–T–A liefert z.Z. ca. 150 verschiedene Produkte, die in ca. 300.000 unterschiedlichen Varianten angeboten werden. Der Jahresumsatz liegt bei 92 Mio. DM. Das Unternehmen hat heute mit seinem vielfältigen Produktionsprogramm von elektronischen Schutz-, Steuerungs- und Sicherheitssystemen eine führende Marktstellung.

Während der Projektlaufzeit in den Jahren 1989 bis 1992 waren in dem mittelständischen Unternehmen ca. 1.000 Mitarbeiter beschäftigt.

3 Entwicklung der Hybridtechnologie

Unter Hybridtechnologie versteht man in der Mikroelektronik zunächst allgemein die Kopplung von analog und digital arbeitenden Funktionseinheiten in einem System. Durch zahlreiche fertigungstechnologische Entwicklungen (Dickschichttechnik, Oberflächenmontage von Bauelementen, ungehäuste Montage anwendungsspezifischer integrierter Bausteine usw.) können sehr kompakte, robuste Hybridprodukte zur Lösung komplexer Problemstellungen hergestellt werden.

Die dynamische Marktentwicklung in der Mikroelektronik und Hybridtechnik erzeugt zunehmend höhere Anforderungen an Technik, Qualifizierung und Organisation. Die rasante Entwicklung moderner Halbleiterbauelemente und die damit verbundenen steigenden Anforderungen der Kunden an die Qualität und Speicherkapazität der Chips üben einen erheblichen Druck auf die Hersteller von Halbleitern aus. Laufend werden neue, hochkomplexe Algorithmen in höherer Qualität zur Verfügung gestellt.

Im Gegensatz zu der stürmischen Weiterentwicklung der Halbleiterchips wurde die Aufbautechnologie vernachlässigt. Aufbautechnologie charakterisiert alle Maßnahmen und Hilfsmittel, die zum mechanischen Aufbau und zur elektrischen Verdrahtung einer Schaltung verwendet werden.

Mitte der achtziger Jahre wurde die Mehrzahl der Schaltungen noch auf herkömmliche Leiterplatten aufgebaut. Doch zeigte sich bereits zu diesem Zeitpunkt, daß die herkömmlichen Leiterplatten verschiedenen Anforderungen moderner Halbleitertechnologie nicht mehr gerecht wurden.

Ein deutlicher Trend der modernen Mikroelektronik war die zunehmende Kundenorientierung der Schaltungen. Dies schlug sich u.a. in einer zunehmenden Verwendung gekapselter Schaltungen nieder. Darüber hinaus vergrößerten sich die Einsatzfelder der modernen Mikroelektronik rapide. Insbesondere der mobile Einsatz mit starken Erschütterungen, schwankender Stromversorgung und wechselnden Umwelteinflüssen stellte auch an die Aufbautechnologie erhebliche Anforderungen. Die Hybridtechnologie bot für einige dieser Trends Lösungen. In der letzten Zeit zeichnen sich erneut Veränderungen ab, die die Hybridtechnologie in die Defensive und auf bestimmte Marktfelder zurückdrängt.

Die Produktion von Hybridschaltungen erfordert aufgrund der Verschiedenartigkeit der verarbeiteten Materialien zahlreiche, sehr unterschiedliche Fertigungsschritte. Der technologische Ablauf der Produktion, wie er vor der Projekthauptphase bei E–T–A durchgeführt wurde, wird im folgenden kurz dargestellt. Die Produktion umfaßt die Prozeßabschnitte Layout, Siebdruck und Hybrid-Fertigung.

3.1 Layout

Der Schaltungsentwurf des Kunden wird in Layouts der Hybridschaltung umgesetzt. Die Montageplätze für die diskreten Bauteile werden bestimmt, die Kontaktflächen für die diskreten Bauteile mit Leiterbahnen verbunden und die erforderlichen Geometrien für die Widerstandsbahnen berechnet sowie in die Schaltungsgeometrie eingepaßt. Das Layout wurde bis zum Projektbeginn (1989) von Hand auf einer Rastervorlage im vergrößerten Maßstab entworfen. Für jeden Durchlauf durch den Siebdrucker wurde eine Folie als Druckvorlage erzeugt, fotografisch auf Originalabmessungen verkleinert und auf ein Drucksieb aufgebracht.

Außer der Layoutvorlagenerstellung ist in diesem Schritt die Erstellung von Trimmplan, Bestückungsplan, Bondplan und Prüfplan enthalten.

3.2 Siebdruck

Der Träger der Hybridschaltung ist ein Keramiksubstrat, das thermisch hoch belastbar ist und die Verlustwärme der Bauelemente gut abführen kann. Je nach Größe des produzierten Hybrids finden auf einem Substrat ein oder mehrere Produkte Platz. Die Druckfolien sind entsprechend gestaltet.

Auf das Keramiksubstrat werden die Leiterbahnen und die Widerstände einer elektronischen Schaltung im Dickschicht-Siebdruckverfahren nacheinander aufgedruckt und eingebrannt. Der Siebdruck besteht aus drei Schritten:

a) Drucken

   Mit Hilfe der auf ein Drucksieb fixierten Folie wird auf definierten Flächen Druckpaste auf das Substrat aufgetragen.

b) Sichtprüfen und Vortrocknen

   Unmittelbar nach dem Druck erfolgt eine Sichtprüfung mit einer Lupe. Die gedruckten Bahnen werden in einem Ofen vorgetrocknet.

c) Einbrennen der gedruckten Strukturen

   Nach dem Trocknen der gedruckten Leiter- oder Widerstandsbahnen werden diese in einem Druckofen eingebrannt (gesintert).

Dieser Ablauf wiederholt sich mit verschiedenen Folien und Druckpasten, so daß Leiterbahnen, Widerstände und Kontaktflächen für Anbauteile entstehen. Leiterbahnkreuzungen können durch Zwischendruck einer Isolierschicht realisiert werden. Zum Schutz der Druckbahnen wird zum Abschluß eine Glasschicht aufgedruckt, die nur die Kontaktflächen freiläßt.

Da mit Hilfe des Dickschichtdrucks ein präziser Widerstandswert nicht erreicht werden kann, ist in einem anschließenden Fertigungsschritt das Trimmen der Widerstände erforderlich. Dabei werden durch Abgreifen an den Kontaktflächen die Widerstandswerte gemessen und durch Einschneiden der Widerstandsbahnen mit einem Laserstrahl die gewünschten Sollwerte getrimmt. Gleichzeitig findet eine Funktionsprüfung der Leiterbahnen und Widerstände statt.

3.3 Hybrid-Fertigung

In diesem Fertigungsbereich werden in meist vier Fertigungsabschnitten auf die gedruckten Substrate verschiedene Anbauteile aufgebracht und kontaktiert sowie Endkontrollen durchgeführt.

a) Bestücken der Substrate mit diskreten sog. oberflächenmontierbaren Bauteilen (SMD-Bauteilen)

In einem weiteren Siebdruck erfolgt zunächst das Aufbringen von Lotpaste auf die entsprechenden Kontaktflächen. Anschließend werden diskrete SMD-Bauteile wie Kondensatoren, Spulen, gehäuste Halbleiterbauelemente, aber auch Widerstände mit extremen Werten, die nicht gedruckt werden können, teil- oder vollautomatisch in die Lotpaste eingebettet. Schließlich wird im Reflow-Verfahren die Lotpaste aufgeschmolzen. Damit werden die eingebetteten Bauteile mit den Leiterbahnen der Hybridschaltung verlötet.

b) Bestücken, Bonden und Verkapseln von Halbleiterchips (IC)

Nicht gehäuste Halbleiterbauelemente werden direkt aus dem Wafer des Halbleiterherstellers heraus auf die Schaltung aufgeklebt. Die Verdrahtung der ungehäusten Halbleiterchips mit den Leiterbahnen erfolgt voll- oder halbautomatisch per Bondverbindung. Anschließend werden die Chips und die Bondverbindungen mit einem Kunstharz vergossen, wodurch neben dem Schutz vor Umwelteinflüssen und Kurzschlüssen der Bonddrähte auch ein Nachbauschutz erreicht wird.

c) Ritzen und Brechen der Substrate, Montage von Anschlußkontakten und Sonderbauteilen

Enthält ein Keramiksubstrat mehrere Schaltungen, wird das Substrat zwischen den Schaltungen mit Hilfe eines Lasers geritzt und anschließend von Hand in Einzelschaltungen auseinandergebrochen. Die Kontaktierung der Hybridschaltung erfolgt in der Regel über Anschlußkämme. Diese werden auf die Hybridschaltung aufgeschoben und manuell mit Hilfe einer Lötwelle an die gedruckten Leiterbahnen angelötet. Teilweise werden von Hand weitere Sonderbauteile wie Kabelanschlüsse verlötet. Nach dem Lötvorgang werden Lötrückstände in einem chemischen Bad mit Ultraschall entfernt.

d) Endkontrolle, Nacharbeit

Die fertiggestellte Hybridschaltung wird nun optisch mit Hilfe eines schaltungsspezifischen elektrischen Funktionstests überprüft. Bei Fehlern ist evtl. Nacharbeit durch Handlöten erforderlich. Gegebenenfalls werden die Hybridschaltungen anschließend in Gehäuse montiert, verpackt und direkt an den Kunden versandt bzw. an die E-T-A-Elektronik-Abteilung zur weiteren Montage weitergegeben.

4 Die Hybridgruppe bei E–T–A

4.1 Aufbau der Produktion von Hybridschaltungen

1980 begann E–T–A mit dem Aufbau der Produktion von Hybridschaltungen. Hierzu wurde eine Fertigungsgruppe innerhalb der Abteilung "Elektronik" gebildet. Sie wurde organisatorisch in die Bereiche "Entwicklung", "Dickschichtfertigung" und "Hybrid-Fertigung" unterteilt (Abbildung 4.1).

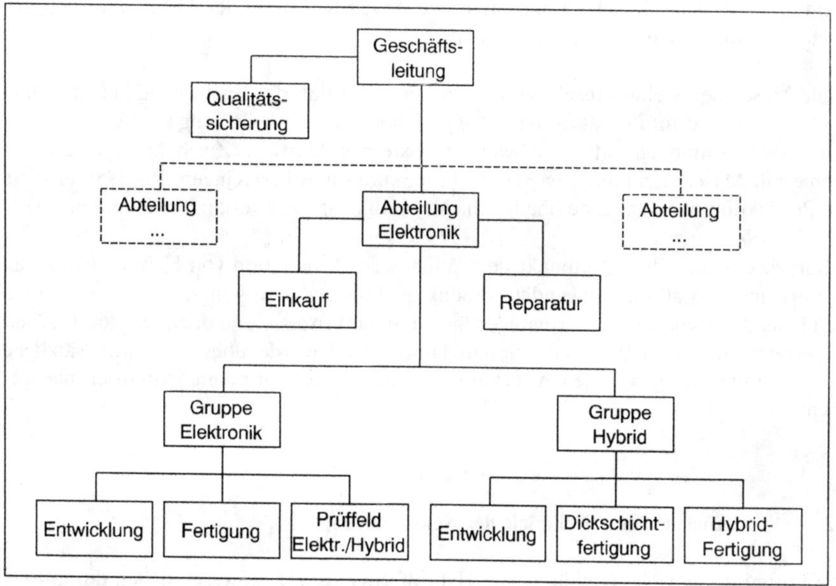

Abbildung 4.1: Ausschnitt aus dem Organigramm

Zum Zeitpunkt der Gründung der Hybridgruppe befand sich die Hybrid-Technologie für kundenspezifische Kleinserien in der Bundesrepublik Deutschland noch am Anfang. Die verfügbaren Produktionseinrichtungen waren zunächst eher für die Großserienfertigung und weniger für die Fertigung kundenspezifischer Kleinserien geeignet. Hilfsmittel, Einrichtungen und Maschinen mußten für den flexiblen Einsatz modifiziert oder komplett neu entwickelt werden. Der Austausch von Wissen und Erfahrungen mit anderen Unternehmen beschleunigte den Entwicklungsprozeß in der Hybrid-Technologie. Auch der Arbeitskreis "Hybridtechnik" im ZVEI (Zentralverband der Elektrotechnischen Industrie) war an diesem Erfahrungsaustausch beteiligt.

1989 umfaßte die Gruppe Hybrid knapp 30 Mitarbeiter, davon waren ca. zwei Drittel Frauen. Die Altersstruktur der Mitarbeiter lag im Durchschnitt bei weniger als 40 Jahren, der überwiegende Teil war jünger als 30 Jahre. Der größte Teil der Mitarbeiterinnen verfügte über eine abgeschlossene Berufsausbildung, bis auf wenige Ausnahmen jedoch in nicht-technischen Berufen. Die männlichen Mitarbeiter verfügten über Ausbildungen in technischen Berufen, jedoch nicht alle im Bereich der Elektronik. Die Bedienung der Geräte erforderte ein hohes Maß an Wissen und Qualifikation der Mitarbeiter.

Trotz des hohen Technologiestandes der Produkte und z.T. hoher Stückzahlen war die Fertigung durch eine Vielzahl manueller Arbeitsschritte gekennzeichnet. An vielen Arbeitsplätzen und verschiedenen Produktionseinrichtungen wurde an Mikroskopen gearbeitet. Die Arbeitsplätze beinhalteten in der Hauptsache manuell-repetitive Tätigkeiten wie Löten, Verkapseln oder Endprüfen. Die Arbeitsbelastung der Mitarbeiter lag physisch und psychisch auf einem hohen Niveau.

Viele Maschinen stellten Insellösungen im Fertigungsfluß dar. Es bestand kein geeigneter Material- und Informationsfluß. Häufig kollidierte die Abwicklung von Aufträgen für interne Anwendungen mit der Abwicklung externer Aufträge. Zusätzlich führten Probleme mit Maschinen immer wieder zu Produktionsunterbrechungen. Bis 1989 erfolgte die Produktion in einem Eineinhalb-Schichtsystem (Tag- und verkürzte Abendschicht).

Schon zu einem frühen Zeitpunkt des Aufbaus der Produktion von Hybridschaltungen war erkennbar, daß die notwendige Produktqualität und Fertigungsausbeute nur durch weitgehend automatisierte Fertigungen, beherrschte Prozesse und qualifizierte Mitarbeiter erreichbar sein würde. Vor diesem Hintergrund wurde über eine grundsätzliche Neugestaltung der gewachsenen technischen und organisatorischen Strukturen nachgedacht.

4.2 Auslöser und Richtziele der Neugestaltung

Die Initiierung der Neugestaltung der Hybridfertigung war im wesentlichen durch zwei Problemschwerpunkte bedingt:

- o Zum einen war es notwendig, die als hoch empfundenen physischen und psychischen Belastungen der Mitarbeiter der Hybridgruppe, die vor allem durch die extrem kleinen Produkte und die damit verbundene Mikroskoparbeit hervorgerufen wurden, abzubauen oder zumindest zu mildern. Zu den Belastungen zählte auch das vermutete Gefahrstoffpotential mit individuellen Expositionszeiten.
- o Zum anderen bestand das wesentliche Problem darin, den wachsenden Anforderungen an Technik, Qualifizierung und Organisation, die aus dem kontinuierlichen Entwicklungsprozeß in der Mikroelektronik, der Hybridtechnik und der dynamischen Marktentwicklung entstanden, zukunftsorientiert entgegenzutreten.

In einem ersten Schritt wurde eine umfassende Analyse der Ausgangssituation vorgenommen (vgl. Kapitel 5). Auf der Basis der Ergebnisse erfolgte in einer zweiten Phase die Festlegung von Richtzielen für eine Neugestaltung.

Durch den Einsatz moderner Fertigungseinrichtungen, einer systematischen Neuorganisation von Arbeitsabläufen und Arbeitsinhalten sowie der Konzipierung und Realisierung einer wirtschaftlichen Serienfertigung von Hybrid-Schaltkreisen sollten die an die Hybridgruppe gestellten Ansprüche bewältigt und gleichzeitig die Belastungen der Mitarbeiter abgebaut werden.

Die Neugestaltung sollte von externen Experten begleitet werden. An die Projektorganisation und die Vorgehensweise zur Entwicklung einer Gestaltungslösung wurde der Anspruch gerichtet, alle Betroffenen und Beteiligten gleichermaßen einzubinden. So sollte beispielsweise die Kooperation von Mitarbeitern, Geschäftsleitung und am Projekt beteiligten Firmen und Forschungsinstituten nach dem Prinzip "Jeder lernt von jedem" umgesetzt werden. Externe sollten die Situation aus der Sicht der Betroffenen betrachten lernen, das "Expertenwissen" der Basis in den Gestaltungsprozeß einfließen und die Mitarbeiter von den Experten Verfahren zur selbständigen Problemlösung erlernen.

Eine Stärkung der Innovationsfähigkeit des einzelnen und der Gruppe, eine Sicherung des Entwicklungspotentials, eine höhere Flexibilität gegenüber Kundenanforderungen und eine bessere Anpassungsmöglichkeit der Produktion an Veränderungen in Wissenschaft und Forschung sollte durch die Schaffung ganzheitlicher Arbeitszusammenhänge gewährleistet werden. Darin enthalten war die Abkehr von der tayloristischen Arbeitsteilung und die Entwicklung eines neuen Konzeptes.

Die Organisation der Fertigung sollte nach dem Prinzip der "Fertigung auf Zuruf" erfolgen, da deutlich wurde, daß diese Form der Fertigungsorganisation nicht nur den Mitarbeiterbedürfnissen näherkommt als eine starre Organisation, sondern im Zusammenhang mit gruppenorientierten Produktionskonzepten auch zufriedenstellende Produktionsergebnisse erwarten läßt. Die "Zuruf-Organisation" sollte optimiert und mit Hilfe eines Simulationsprogramms die Konsequenzen von Entscheidungen vorab abschätzbar gemacht werden.

Technische Lösungen und Einsatzstrategien für typische Belastungsprobleme, z.B. für Mikroskoparbeitsplätze, sollten im Bereich der Fertigungstechnik entwickelt werden. Technische und organisatorische Innovationen sollten im Bereich der Produktionsverfahren verwirklicht werden. Durch die Vernetzung von Betriebsmitteln sowie der Gestaltung von Benutzeroberflächen sollten zukunftsorientiert und mitarbeitergerecht technische Realisierungen vorgenommen werden.

Weiterhin war es das Ziel, durch Qualifizierung des betroffenen Personals das Basiswissen zu verbreitern, den Umgang mit programmierbaren Maschinen zu ermöglichen sowie eine Bereicherung der Arbeitsinhalte zu gewährleisten. Dies stellte einen wesentlichen Faktor einer ganzheitlichen Arbeitsorganisation dar und bildete die Voraussetzungen einer Reduzierung einseitiger Belastungen sowie der Erhöhung der Wirtschaftlichkeit.

5 Analyse der Ausgangssituation und Vorbereitung der Neugestaltung der Hybridfertigung

5.1 Vorphase

Die ebenfalls vom Bundesminister für Forschung und Technologie geförderte Vorphase zu diesem Vorhaben wurde in den Jahren 1984 und 1985 durchgeführt. Die Aufgabe der Vorphase war die Analyse der Ausgangssituation der Hybridfertigung der Firma E–T–A sowie das Aufzeigen von Entwicklungsmöglichkeiten, Realisierungschancen und Voraussetzungen für die Neugestaltung der Hybridfertigung unter den in Kapitel 4.2 genannten Zielsetzungen.

Schwerpunkte dieser Analyse war die Erfassung von

- Fertigungslayout und Arbeitsorganisation,
- Charakteristika der vorhandenen Arbeits- und Betriebsmittel (insbesondere der Mikroskoparbeitsplätze),
- Arbeitstätigkeiten und -inhalten,
- Qualifikationen der Mitarbeiter,
- Informations- und Materialfluß,
- Arbeitsumgebung (Beleuchtung und Klimatisierung),
- Belastungs-Beanspruchungs-Situationen der Mitarbeiter und
- betriebliche Defizite.

Die einzelnen Arbeitsplätze und die dort ausgeführten Tätigkeiten wurden mit technischen und arbeitswissenschaftlichen Verfahren auf Defizite hin untersucht. Eingesetzt wurden arbeitswissenschaftliche Erhebungsverfahren zur Tätigkeitsanalyse (AET, vgl. ROHMERT, LANDAU 1979), ergonomische Bewertung von Arbeitssystemen (EBA, vgl. SCHMIDTKE 1976) und arbeitsmedizinische Untersuchungen zur Beanspruchung durch Mikroskoparbeit. Die wichtigsten Ergebnisse der Analyse waren:

- o Ergonomische Gestaltungsdefizite, insbesondere an den Mikroskoparbeitsplätzen
- o Mehrfachbelastungen an einer Vielzahl von Arbeitsplätzen (Augenbelastung, Zwangshaltung, einseitige Dauerbelastung)
- o Hohe Konzentrationsanforderungen aus den Arbeitsaufgaben
- o Beleuchtungsmängel
- o Klimatische Belastungen
- o Gestaltungsdefizite an Bildschirmarbeitsplätzen
- o Technische Probleme an den einzelnen Betriebsmitteln
- o Defizite im Bereich des Arbeits- und Gesundheitsschutzes, neben den Auswirkungen der o.g. Faktoren insbesondere im Zusammenhang mit Gefahrstoffen

Die Produktionsumstände entsprachen zu diesem Zeitpunkt nicht in ausreichendem Maße den hohen Anforderungen an Konzentration und Sorgfalt der Mitarbeiter. Die Produktionsräume waren weder klimatisiert noch optimal beleuchtet. Wegen fehlender Reinraumbedingungen traten Produktionsmängel auf.

Bezogen auf die Arbeitsorganisation wurden Probleme im Informationsfluß und der Fertigungssteuerung und -planung festgestellt. Es zeigte sich schon zum damaligen Zeitpunkt, daß der informelle Informationsfluß sowie die Steuerung auf Zuruf den komplexen Problemen der Produktion von Hybrid-Schaltungen nicht mehr gerecht wurde. Darunter litt auch das soziale Klima im Bereich der Hybridfertigung.

Da sich der Materialfluß zum Zeitpunkt der Vorphase über zwei Stockwerke erstreckte, kam es zusätzlich immer wieder zu Qualitätsmängeln und Ausschuß durch den Transport und die Zwischenlagerung.

Der Fertigungsablauf war weitgehend arbeitsteilig geprägt. Zum Teil beherrschten zwar Beschäftigte mehrere Tätigkeiten, diese Qualifikationen wurden aber eher selten genutzt.

In der Vorphase wurden auch erste Analysen zur Organisation, im speziellen zur Thematik von Fertigungsinseln, zur Organisation und Integration der Qualitätssicherung, zu Gruppenarbeitskonzepten sowie zur Trennung von Entwicklung und Fertigung durchgeführt.

Eine Marktanalyse im Hybrid-Fertigungsbereich ergab, daß andere Hersteller teilweise andersartige Strategien in Organisation, Materialfluß und Fertigungstechnik verfolgten. Es wurde überprüft, inwieweit diese eher auf die Großserienproduktion orientierten Strategien für die stark kundenspezifische Kleinserienproduktion bei E-T-A umzusetzen wären.

Folgende Unterschiede bestanden 1985 zwischen der Hybrid-Gruppe bei E-T-A und den in der Marktanalyse untersuchten Wettbewerbern:

o Organisation

  Vielfach ist bei den Wettbewerbern eine zweischichtige Produktion vorhanden. Der Musterserienbau und die Produktion von Einzelstücken war von der Serienfertigung getrennt.

o Materialfluß

  Der Transport der Halbfertigprodukte erfolgte bei den Wettbewerbern in speziellen Magazinen. Dies setzt aber voraus, daß die Substrate ein weitgehend standardisiertes Format haben. An den Ein- und Ausgabestellen der Maschinen waren vielfach eine automatische Be- und Entladung mit Magazinierung vorgesehen.

o Fertigungstechnik

Zum Entwurf der Hybridschaltungen werden z.T. CAD-Systeme eingesetzt. Der Druck der Schaltungen erfolgt mit automatischer Be- und Entladung in Magazinen. Der Ofen wird ebenfalls automatisch be- und entladen. Für das Trimmen wird ein Lasertrimmer verwendet. Die Substratreinigung erfolgt mit Ultraschall. Für die Verkapselung wird ein Automat eingesetzt.

o Analyse des Maschinenmarktes für Betriebsmittel

Die am Markt verfügbaren Betriebsmittel, die für die Hybridproduktion geeignet waren, wurden analysiert. Nur wenige der angebotenen Betriebsmittel gingen über die Laborproduktion hinaus. Einige ausgewählte Maschinen wurden nach dem Verfahren zur ergonomischen Bewertung von Arbeitssystemen (EBA) bewertet.

Mit dem Voranschreiten der Entwicklung und zunehmendem Automatisierungsgrad der Betriebsmittel werden jedoch zunehmend mehr Maschinen angeboten, die zur Reduktion der physischen Belastungen und psychischen Beanspruchungen beitragen können.

Parallel zu diesen Arbeiten wurden in Zusammenarbeit mit Geräteherstellern Realisierbarkeitsuntersuchungen durchgeführt. Aus diesen Untersuchungen wurden Vorgaben für die Entwicklung von Maschinen und Anlagen abgeleitet.

Die Voraussetzungen und Bedingungen für die Einführung einer konventionellen Fertigungssteuerung, die später in ein EDV-gestütztes PPS-System überführt werden sollte, sowie mögliche Alternativen hierzu wurden untersucht.

Der Automatisierungsgrad der verfügbaren Betriebsmittel war durchweg sehr hoch. Bei vielen der untersuchten Geräte bestand die Möglichkeit des Anschlusses an CAD/CAM-Systeme. Der Tendenz zur Fließtechnik entsprach die von einigen Herstellern angebotene Verkettungsmöglichkeit mehrerer Produktionsschritte. Dennoch blieben auch weiterhin manuell bediente Fertigungsinseln bestehen.

Aufgrund der Analysen wurden zahlreiche Vorschläge zur organisatorischen und technischen Neugestaltung erarbeitet. Ein großer Teil der Vorschläge und Alternativen konnte zum Zeitpunkt des Vorphasenabschlusses (1985) nicht ausreichend und abschließend bewertet werden, da sich im Verlauf der Vorphase herausstellte, daß zunächst weitere Bedingungen für die Aufnahme einer wirtschaftlichen Serienproduktion geschaffen werden mußten.

Hierzu zählten:

o Räumliche Erweiterung und Zusammenlegung der Fertigung auf einer Etage sowie Konzeption und Auswahl von Fertigungslayouts
o Einführung von Reinraumbedingungen sowie Klimatisierung der Arbeitsräume

- o Grundlegende Verbesserungen an Maschinen zur Aufrechterhaltung der Produktionsfähigkeit, wie ergonomische Verbesserungen oder Einhaltung der Arbeitsschutzanforderungen
- o Einführung eines CAD-Systems für die Layoutentwicklung

Zur Erfüllung dieser Bedingungen wurde vor Beginn der Realisierungsphase eine Zwischenphase geschaltet, die die Realisierung der Grundvoraussetzungen zum Ziel hatte.

5.2 Zwischenphase

In der Zwischenphase konnte die Fertigungserweiterung - basierend auf den umgesetzten Bedingungen für eine wirtschaftliche Serienproduktion - im geplanten Umfang vorgenommen werden. Es wurde ein in der Vorphase konzipiertes Fertigungslayout realisiert, das flexibel umgestaltbar und für unterschiedliche Gestaltungsalternativen nutzbar war. Mit diesem Konzept wurden in den nächsten Jahren erste Erfahrungen in der Serienfertigung unter Reinraumbedingungen gesammelt.

Das Ergebnis zeigte, daß die Herstellung von Hybridschaltungen technisch beherrschbar und wirtschaftlich erfolgreich von E–T–A betrieben werden konnte. Damit stellte sich die Frage nach einem zukunftsgerichteten Gestaltungskonzept und dessen Realisierung.

In einem weiteren Schritt wurde am Ende der Zwischenphase zur Aktualisierung der Analysen der Vorphase und zur Entwicklung von Gestaltungsalternativen eine umfassende Befragung der Mitarbeiter der Hybridgruppe durchgeführt.

5.2.1 Befragungsergebnisse

Mit sozialwissenschaftlichen Methoden (Befragung, Leitfadengespräche, Arbeitsablaufbeobachtungen) wurde eine Ist-Analyse vorgenommen. Die wesentlichen Ergebnisse der Befragung der Mitarbeiter (Totalerhebung) sind im folgenden dargestellt.

Nach Aussagen der Beschäftigten wurde die eigene Qualifikation für die Tätigkeit als angemessen betrachtet.

Zwischen ausführenden Tätigkeiten einerseits (Löten und Verkapseln von Schaltungen nach den Vorgaben des Gruppenleiters) und planenden, vorbereitenden, kontrollierenden Tätigkeiten andererseits lag eine relative starre Trennung vor. Die letztgenannten Tätigkeiten wurden fast ausschließlich von Technikern ausgeführt. Nur wenige der Angelernten waren in der Lage, sowohl ausführende als auch planende, vorbereitende und kontrollierende Tätigkeiten durchzuführen. Insgesamt war der Grad der Arbeitsteilung in der Hybridgruppe etwas geringer zu beurteilen als in anderen typischen Montagebereichen der Elektroindustrie.

Die Befragung ergab vielfältige Ansatzpunkte, durch organisatorische und qualifikatorische Maßnahmen Arbeitsinhalte anzureichern und die Arbeitsteilung zu verringern. Der gering entwickelte Arbeitsplatzwechsel wurde von den Befragten als organisatorische Schwäche bewertet.

Die Mitarbeiter schätzten den Handlungsspielraum, d.h. die Möglichkeit zur Wahl, die Arbeitsaufgabe durch unterschiedliche Verfahren, Mittel oder zeitliche Organisation mit vergleichbarem Ergebnis zu bewältigen, als gering ein. Ansätze zur Vergrößerung des Handlungsspielraums wurden von den Mitarbeitern vor allem im Zusammenhang mit Mitsprachemöglichkeiten bei der Zusammenstellung des Arbeitsprogramms gesehen.

Generell beurteilten die Befragten ihre Arbeit positiv, nur zu bestimmten Teilaspekten äußerten sie sich negativ.

Eine Vielzahl der Mitarbeiter war der Meinung, zu wenig über die Zusammenhänge und Hintergründe der Hybrid-Fertigung insgesamt zu wissen. Dieses Qualifikationsdefizit führte nach Ansicht der Befragten u.a. zu Qualitätsmängeln. Dadurch wurde den Mitarbeitern u.a. die Möglichkeit zur selbständigen Fehlererkennung und Fehlerursachenforschung erschwert.

Ein Teil der Befragten schätzten Aufstiegsmöglichkeiten als wünschenswert ein. Es wurden aber nur geringe Möglichkeiten für einen Aufstieg aus der derzeitigen Position gesehen.

Als Qualifizierungs- und persönliche Weiterentwicklungsansätze wurden sowohl Job-Enlargement- als auch Job-Enrichment-Maßnahmen genannt. Die Befragten interessierten sich für die Bedienung von Computern und für den Wissenserwerb von übergreifenden Zusammenhängen.

Die physische und psychische Belastungssituation in der Hybrid-Fertigung empfanden die Mitarbeiter als hoch. Aus der Sicht der Mitarbeiter bestand das Kernproblem in der Beanspruchung der Augen sowie in der Zwangshaltung im Zusammenhang mit den Mikroskop- und Lötarbeitsplätzen. Mitarbeiter, die z.B. aus qualifikatorischen Gründen ihren Arbeitsplatz nicht wechseln konnten, beklagten sich zudem über Monotonieerscheinungen. Ebenso wurden die klimatischen Raumbedingungen als belastend empfunden.

Arbeits- und Gesundheitsschutzmaßnahmen wurden von den befragten Mitarbeitern als nicht hinreichend beurteilt. Lötdämpfe, Lösungsmittel, Epoxyd-Harze und Druckpasten verursachten gesundheitliche Beschwerden. Die Befragung ergab, daß verschiedene Gefahrstoffpotentiale bestanden, die nach Ansicht der Betroffenen noch nicht ausreichend analysiert worden waren.

Organisatorische Probleme sahen die Mitarbeiter der Hybridgruppe zum Zeitpunkt der Befragung besonders bezogen auf die Art und Weise der Fertigungsorganisation. Kurzfristige Einlastungen neuer Aufträge und enge Liefertermine hatten nicht selten Engpässe und schwer zu bewältigende Arbeitsverdichtung zur Folge.

Auch wurden Schwachpunkte in der Koordination mit der während der Zwischenphase eingeführten Abendschicht gesehen. Der Informationsfluß innerhalb der Hybridgruppe sowie zwischen der Tag- und Abendschicht wurde als verbesserungsbedürftig beurteilt.

Die Analyseergebnisse in dieser Phase zeigten Probleme sowohl hinsichtlich der Situation der Mitarbeiter als auch betrieblicher Abläufe auf. Es zeigte sich, daß bereits in der Vorphase erkannte Defizite weiterhin bestanden.

5.2.2 Entwicklung von Alternativen zur Vorgehensweise in der Realisierungsphase

Aus den Analyseergebnissen ließen sich ein umfangreicher Gestaltungsbedarf und Gestaltungsansätze für die Hybridgruppe erkennen. Besonders folgende Probleme erschienen im Anschluß an die Zwischenphase als ungelöst:

- Entwicklung einer technisch-organisatorischen Gesamtlösung auf der Basis der bisherigen Entwicklungsrichtung der Hybridgruppe
- Abbau der vorhandenen Belastungen
- Entwicklung und Einführung eines geeigneten Fertigungssteuerungsinstruments
- CAD/CAM-Einsatz, Vernetzung von Betriebsmitteln, Gestaltung von Schnittstellen, Benutzeroberflächen
- Lösung der Arbeits- und Gesundheitsschutzprobleme
- Weiter- und Höherqualifizierung der Mitarbeiter
- Organisation des Arbeitsplatzwechsels, Zuschnitt und Verteilung von Arbeitsaufgaben
- Kooperation von Technikern und angelernten Frauen
- Einbindung der Entwicklungsarbeiten in die Produktion
- Anpassung der Verfahrenstechnik und der Betriebsmittel an die steigenden Anforderungen der Hybridtechnik

Zur Entwicklung des Gesamtkonzepts wurden in der Vor- und Zwischenphase eine Reihe von Alternativen entwickelt, aus denen Alternative 3 als Basis des Gesamtkonzepts ausgewählt wurde. Übersicht 5.1 zeigt beispielhaft drei Alternativen und die Kriterien.

Übersicht 5.1: Grundlegende Alternativen zur Entwicklung eines Gesamtkonzepts für die Gestaltung der Hybridgruppe

Gestaltungskonzept Hybridgruppe			
Kriterium	Alternative 1	Alternative 2	Alternative 3
1. Fertigungsstruktur	Fließfertigung ohne Verkettung	Fließfertigung mit Verkettung	Fertigungsinsel-konzept
2. Fertigungsplanung und -steuerung	Steuerung auf Zuruf	Herkömmliche PPS mit Plankarten, ggf. mit EDV-Unterstützung	Fertigungssteuerung auf Zuruf unterstützt durch ein Simulationsprogramm; Schaffung von ganzheitlichen Arbeitszusammenhängen
3. Arbeitsteilung und Kooperation	Hohe Arbeitsteilung zwischen Technikern und Angelernten	Sehr hohe Arbeitsteilung zwischen Technikern und Angelernten (Spezialisten)	Geringe Arbeitsteilung durch neue Kooperationsformen und Gruppenarbeit
4. Einbettung der Hybridgruppe in Unternehmen	Verringerung der Selbständigkeit der Unterabteilung	Verringerung der Selbständigkeit der Unterabteilung	Erhöhung der Selbständigkeit
5. Entwicklung	Abkopplung der Entwicklungsarbeiten aus der Produktion	Abkopplung der Entwicklungsarbeiten aus der Produktion	Einbeziehung der Entwicklung in die Fertigungsgruppen
6. Qualifikation	Expertenbezogene Qualifizierung	Expertenbezogene Qualifizierung	Gestuftes Qualifizierungskonzept für verschiedene Zielgruppen

6 Ziele, Projektansatz und Vorgehensweise in der Realisierungsphase

6.1 Gestaltungsziele

Die Ergebnisse der Vorphase machten deutlich, daß die Arbeitsbelastungen - vor allem im Zusammenhang mit Mikroskoparbeiten - nicht ohne Berücksichtigung der gesamten technischen, organisatorischen und qualifikatorischen Gestaltung der Hybrid-Fertigung sowie der Verbesserung des Arbeits- und Gesundheitsschutzes abgebaut werden konnten.

Aber auch betriebliche Ziele wie Prozeßsicherheit, Termintreue, kundenorientierte Auftragsbearbeitung, Qualitätssicherung usw. verlangten ein ganzheitliches Gestaltungskonzept, in dem das Zusammenwirken der unterschiedlichen Dimensionen von Technik bis Arbeitsschutz integriert wird.

Zur Entwicklung eines Gesamtkonzepts der Hybrid-Fertigung, das in der Hauptphase umgesetzt werden sollte, wurde die in der Vor- und Zwischenphase erarbeitete Alternative 3 ausgewählt (vgl. Übersicht 5.1). Die Alternative erschien geeignet, da sie ausgehend von der vorhandenen Struktur der Hybrid-Fertigung fortgeschrittene Fertigungs- und Steuerungstechniken mit qualifizierter, ganzheitlicher Arbeit in Einklang bringen konnte. Die Entwicklungsarbeiten sollten im Produktionsbereich verbleiben, die vorhandenen Erfahrungen der Mitarbeiter genutzt und erweitert werden. Dieser Ansatz gewährleistete eine Stärkung der Innovationsfähigkeit des einzelnen und der Gruppe, eine Sicherung des Entwicklungspotentials, eine höhere Flexibilität gegenüber Kundenanforderungen und eine bessere Anpassungsmöglichkeit der Produktion an Veränderungen in Wissenschaft und Forschung.

Die mit betrieblichen Experten und Mitarbeitern festgelegten Gestaltungsziele umfaßten:

- o Aufbau der Hybrid-Fertigung nach dem Fertigungsinselprinzip
- o Gestaltung der Arbeitszusammenhänge in Form von qualifizierter Gruppenarbeit
- o Schaffung von ganzheitlichen Arbeitszusammenhängen und Erweiterung von Handlungs- und Dispositionsspielräumen
  Durch eine computerunterstützte Fertigungssteuerung auf Zuruf auf der Grundlage von Simulationen der Betriebsabläufe sollte die Erweiterung unterstützt werden.
- o Einführung eines angepaßten CIM-Systems mit dem Ziel, die vorhandene tayloristische Struktur zu verlassen und stattdessen eine gruppenorientierte Produktionsstruktur zu unterstützen
  Durch die Entwicklung einer gemeinsamen Datenbasis sollten wiederholte, gleichförmige Dateneingaben überflüssig werden.
- o Abbau von Belastungen und Gesundheitsgefährdungen durch die Entwicklung und den Einsatz neuer Technologien im Bereich der Mikroskoparbeitsplätze (optische Überwachungs- und Kontrollsysteme, Kleinserienbestücker)

- o Entwicklung und Umsetzung von Qualifizierungsmaßnahmen, die sich auf die Erweiterung des Grundwissens sowie auf verfahrens- und arbeitsplatzbezogene Kenntnisse, Qualifikation im Umgang mit programmierbaren Maschinen und zur Problemlösungsfähigkeit beziehen
- o Erhöhung der Innovationsfähigkeit in der Hybrid-Fertigung durch die Erprobung von Verfahrensinnovationen, die unter Beteiligung und Nutzung der vorhandenen Erfahrungen der Mitarbeiter technisch-organisatorisch entwickelt, erprobt und eingeführt werden
- o Anpassung des Fertigungslayouts und der Betriebsmittel an das neu entwickelte Fertigungskonzept
- o Verbesserung der Wirtschaftlichkeit

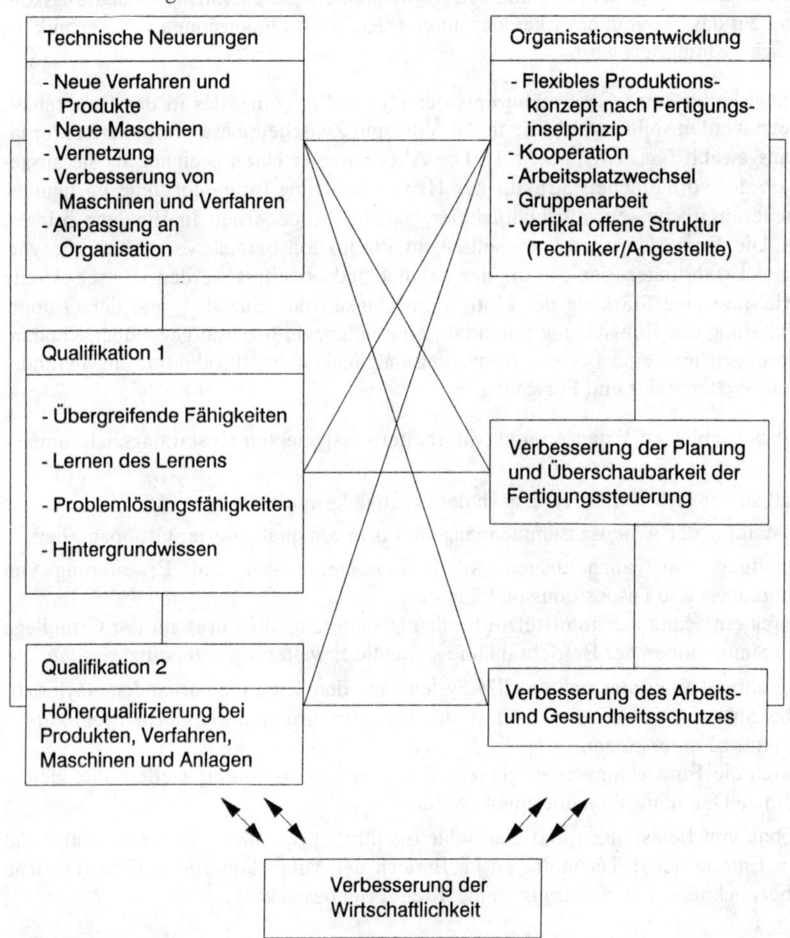

Abbildung 6.1: Gesamtkonzept

Die Gestaltungsziele sind den Gestaltungsdimensionen
- Organisationsentwicklung,
- Entwicklung von Planung und Steuerung,
- Entwicklung des Arbeitsschutzsystems,
- Qualifikationsentwicklung und
- Technikentwicklung

zugeordnet (vgl. Abbildung 6.1).

6.2 Gestaltungsprozeß

Aus Abbildung 6.1 wurde bereits deutlich, daß die beschriebenen Gestaltungsdimensionen und die mit ihnen verbundenen Entwicklungsprozesse nicht isoliert voneinander bleiben, sondern vielfältig miteinander vernetzt sind und sich gegenseitig beeinflussen. Damit ist eine isolierte Betrachtung der Probleme und Ziele sowie eine z.B. rein technikzentrierte Lösung für die umfassende Gestaltung des Arbeitssystems untauglich.

Das o.g. Gesamtkonzept verlangt vielmehr eine ganzheitliche Entwicklung aller relevanten Gestaltungsdimensionen. Daher erfolgt die Umsetzung des Gesamtkonzepts in einem offenen Suchprozeß, bei dem die Gestaltungsdimensionen parallel entwickelt und ihre Wechselwirkungen berücksichtigt wurden. Leitlinien für diesen Suchprozeß waren:

- Offenheit des Entwicklungsprozesses; wesentlich war nicht nur das Ergebnis, sondern auch die Art der Lösungswege
- Systemdenken, Verfolgung eines ganzheitlichen Ansatzes
- Beteiligung der Betroffenen
- Kooperation zwischen den Begleitforschungsinstituten sowie mit den betrieblichen Stellen
- Einbindung des Betriebsrates
- Erweiterte Wirtschaftlichkeitskriterien zur Beurteilung der Lösungen

6.3 Beteiligungskonzept und Projektsteuerung

Von besonderer Bedeutung für die Gestaltung des Suchprozesses war die vielfältige Beteiligung der betroffenen Mitarbeiter der Hybridgruppe. Auf diese Weise konnte das umfassende Fach- und Erfahrungswissen für die Entwicklungsprozesse genutzt, Erwartungen, Befürchtungen und Vorschläge aufgenommen und diskutiert und damit die Akzeptanz und die Qualität der Entwicklungsergebnisse erhöht werden.

Der Einstieg in die Mitarbeiterbeteiligung war die in Kapitel 5.2.1 genannte umfassende Mitarbeiterbefragung am Ende der Zwischenphase.

Zu Beginn der Hauptphase wurden Arbeitsgruppen für die Themengebiete Qualifizierung, Organisation, Qualitätssicherung und Arbeitsschutz gebildet (Abbildung 6.2), die in ihrer Besetzung jeweils einen Querschnitt durch die Aufbauorganisation der Hybridgruppe darstellten (Gruppenleiter, Techniker, Angelernte aus den beiden Fertigungsabschnitten "Dickschicht" und "Hybrid-Fertigung").

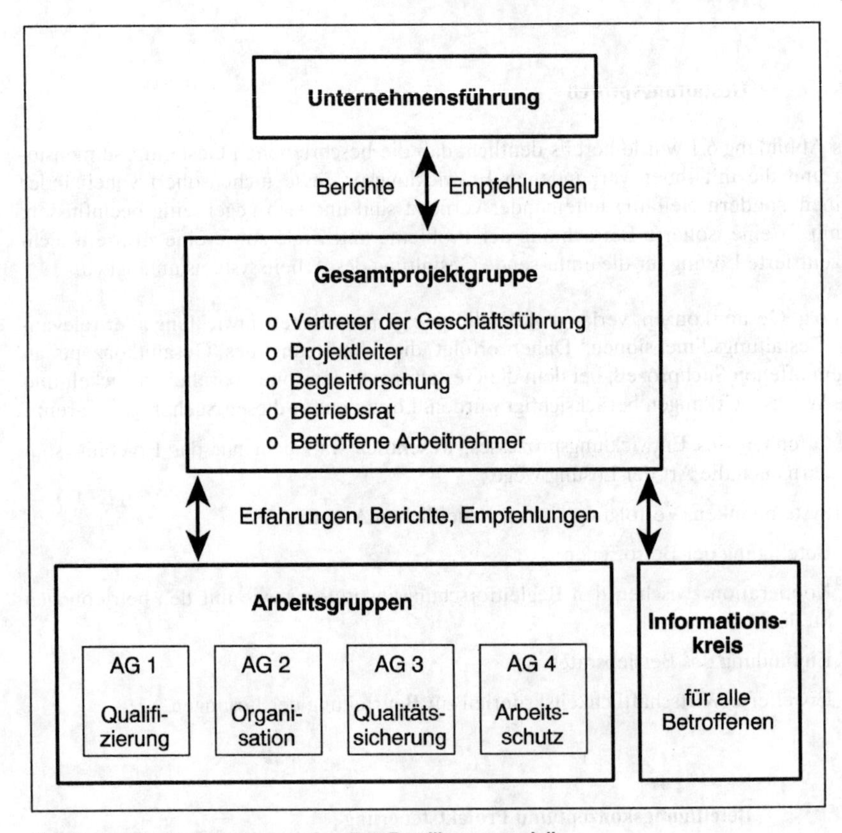

Abbildung 6.2: Die Vorgehensweise: Das Beteiligungsmodell

Im Rahmen dieser Arbeitsgruppen erfolgte die Diskussion und Planung aller wichtigen Entwicklungsschritte. Dabei wurden verschiedene Aufgaben auf einzelne oder mehrere Gruppenmitglieder zur selbständigen Bearbeitung übertragen (vgl. Kapitel 7 und Kapitel 10).

Die Zusammenarbeit von Angelernten und Technikern beider Fertigungsabschnitte in den Arbeitsgruppen konnte zudem einen wichtigen Beitrag zur Entwicklung von Sozial- und Methodenkompetenz der Mitarbeiter leisten (vgl. Kapitel 10) und bildete darüber hinaus die Ausgangsbasis für die Überwindung der horizontalen und vertikalen Arbeitsteilung (vgl. Kapitel 7).

Um die räumlichen Voraussetzungen für eine effektive Gruppenarbeit und Qualifizierung zu schaffen, wurde ein Besprechungs- und Schulungsraum im Fertigungsbereich der Hybridgruppe mit der erforderlichen Medientechnik (Overhead-Projektor, Flip Chart usw.) eingerichtet.

Zur Steuerung des Projekts und des Diskussionsprozesses wurde ein Projektlenkungskreis gebildet, der während der Projektlaufzeit regelmäßig tagte. Der Projektlenkungskreis setzte sich aus Mitarbeitern, Gruppenleitern, dem Abteilungsleiter, dem Betriebsrat und Mitgliedern der Begleitforschung zusammen (vgl. Kapitel 1).

Regelmäßige Informationsveranstaltungen dienten dazu, allen Betroffenen den Stand der Arbeiten transparent zu machen. Dieser Kontext ermöglichte es, Maßnahmen, die sowohl von Mitarbeitern als auch von Vorgesetzten getragen wurden, zu entwickeln (vgl. Kapitel 14).

6.4 Transparenz des Projektverlaufs

Die Projektergebnisse sollten einem breiten Anwenderkreis zugänglich sein. Aufgrund dessen fand einerseits ein interner Informationstransfer statt (andere Abteilungen des Unternehmens wurden über für sie relevante Ergebnisse unterrichtet), andererseits wurden in Form von Arbeitssitzungen und Vorträgen die interessierte Öffentlichkeit und insbesondere mittelständische Unternehmen über die Projektergebnisse informiert.

Zwei Projektprospekte (vgl. E-T-A u.a. 1991/1993), Kongreßbeiträge (vgl. Hamacher, Barth, Schmidt-Weinmar 1990; Hamacher, Schmidt-Weinmar, Thienel 1991b) und Veröffentlichungen (Hamacher, Schmidt-Weinmar, Thienel 1991a) präsentierten den Projektansatz und die Projektergebnisse der interessierten Öffentlichkeit.

7 Entwicklung ganzheitlicher Arbeitsstrukturen

Ausgehend von wirtschaftlichen und unternehmensstrategischen Zielen, verbunden mit Zielen einer menschengerechten Arbeitsgestaltung, sollte ein innovatives Gestaltungskonzept entwickelt und umgesetzt werden. Basierend auf den in der Vor- und Planungsphase gewonnenen Erkenntnissen sollten ganzheitliche, funktionsintegrierende Arbeitsstrukturen als Lösungsansatz verfolgt werden.

Während der Projektlaufzeit gewann die Dynamik von Markt- und Technologieentwicklung einen immer größeren Einfluß auf die Gestaltungsziele. In Konsequenz bedeutete dies, daß das Gestaltungskonzept so ausgelegt sein muß, daß eine flexible Anpassung an die sich immer schneller ändernden Bedingungen immanenter Bestandteil der Gestaltungslösung ist. Die Anpassungs- und Entwicklungsfähigkeit wird zum unternehmensstrategischen Ziel und entscheidet damit auch längerfristig über den wirtschaftlichen Erfolg.

Wirtschaftliche und unternehmensstrategische Anforderungen ergeben sich aus dem von Markt, Kunden, Technologieentwicklung und z.T. von Zulieferern bestimmten Spannungsfeld (Abbildung 7.1). Die Lage der Hybridelektronik ist durch einen zunehmend schärfer werdenden nationalen und internationalen Konkurrenzdruck gekennzeichnet. Dies führt zu immer kürzeren Zeiten zwischen Entwicklung und Fertigung, steigenden Anforderungen an Qualität, Flexibilität, Lieferfähigkeit und Termintreue.

Darüber hinaus ist die Hybridfertigung bei E–T–A geprägt durch das spezifische Einflußfeld, Eigenentwicklungen für komplexere Produkte des eigenen Hauses (z.B. Strömungswächter) zu betreiben, um hierin die Vorteile der Hybridtechnik ausnutzen und sich Wettbewerbsvorteile verschaffen zu können. Hieraus ergibt sich ein verstärkter Kooperationsbedarf mit Entwicklern anderer Gruppen der Elektronik-Abteilung.

Die veränderte Marktsituation bedingt die Produktion immer kleinerer Serien, komplexer und wertintensiver Produkte sowie eine stark kundenspezifisch ausgerichtete Fertigung, wodurch höhere Anforderungen an die Layouterstellung der Schaltungen, die Produktion von Mustern, die Arbeitsvorbereitung und Fertigungssteuerung gestellt werden. Die fortschreitende Technologieentwicklung und die Wettbewerbssituation zu anderen Technologien machen ständige Produkt- und Verfahrensinnovationen notwendig. Dies führt wiederum zu steigenden Anforderungen an die Mitarbeiter. Die einsetzbare Fertigungstechnologie, insbesondere aber auch die Entwicklung von neuen Produkten bis zur Serienreife, erfordert bei allen Beteiligten ein hohes Maß an Fachkompetenz, Kreativität, Zusammenhangwissen, Erfahrung und Zuverlässigkeit. In der Produktion werden des weiteren hohe Anforderungen an die Konzentrationsleistung gestellt.

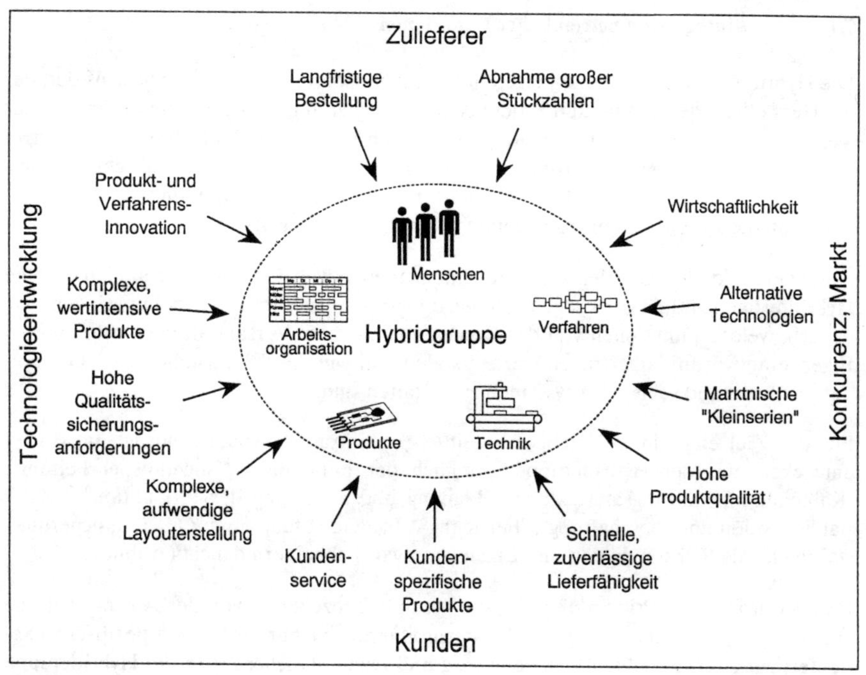

Abbildung 7.1: Anforderungen an die Hybridgruppe

Vor diesem Hintergrund sollte ein Gestaltungsmodell entwickelt und umgesetzt werden, das diesen Anforderungen gerecht wird und ganzheitlich Belastungsabbau, Qualifikationserweiterung, kooperative Arbeitsformen sowie Handlungsspielräume miteinander verbindet.

Bei der Entwicklung des Organisationsmodells standen drei Fragenkomplexe im Zentrum:

- o Welche betrieblichen Funktionen sollen in welcher Weise in die Hybridgruppe integriert werden?
- o In welcher Weise können angepaßte gruppenarbeitsorientierte Arbeitsmodelle entwickelt werden und welches Modell ist auszuwählen und umzusetzen?
- o Welche Schritte sind zur Umsetzung und Weiterentwicklung durchzuführen?

Als weiterer Fragenkomplex stand die Entwicklung einer angepaßten Fertigungsplanung und -steuerung an. In Kapitel 8 ist die Entwicklung und Umsetzung eines angepaßten Konzeptes zur Produktionsplanung und -steuerung dargestellt. Beide Entwicklungsprozesse greifen ineinander.

7.1 Integration betrieblicher Funktionen

Die Hybridfertigung stellt einen eigenen Produktionsbereich des Unternehmens dar, der die Herstellung des kompletten Produkts "Hybridschaltung" von der Entwicklung bis zur Verpackung umfaßt. Sie ist aufbauorganisatorisch in die Abteilung "Elektronik" eingebettet. Die Abteilung "Elektronik" ist herkömmlich in die Fertigungsabschnitte Entwicklung, Fertigung und Prüffeld unterteilt. Einkauf und Reparatur sind als Stabsfunktionen an die Abteilungsleitung angebunden (vgl. Abbildung 4.1).

Ausgangspunkt der Überlegungen zu einem innovativen Organisationsmodell für die Hybridfertigung bildet die Frage nach der Integration der betrieblichen Funktionen, d.h. danach, welche Funktionen von der Beschaffung bis zum Versand der Hybridgruppe in Eigenverantwortung übertragen werden sollen und wie die Schnittstellen zum Gesamtunternehmen und seinen Teilsystemen zu gestalten sind.

Für das Ziel einer integrierten, ganzheitlichen Auftragsabwicklung wurde ein Modell entwickelt, das der Hybridgruppe bezüglich der Funktionen "Angebotsbearbeitung", "Kalkulation", "Auftragsabwicklung", "Planung und Steuerung der Produktion", "Materialdisposition und -beschaffung", "Fertigung", "Instandhaltung" und "Qualitätssicherung" weitreichende Selbständigkeit und Eigenverantwortlichkeit ermöglicht (Abbildung 7.2).

Damit wurde es im Prinzip möglich, die gesamte Prozeßkette von der Auftragsanfrage über die Machbarkeitsprüfung und Musterproduktion bis hin zur kundenspezifischen Serienfertigung einschließlich Instandhaltung und Qualitätssicherung in die Hybridgruppe zu integrieren. Dies schaffte die Voraussetzung für eine ganzheitliche Auftragsbearbeitung in der Hybridgruppe.

Das Konzept koppelt die Hybridgruppe nicht völlig von den zentralen Funktionsbereichen des Unternehmens ab, insbesondere nicht von "Vertrieb" und "Versand". Es wird auch die Einbettung in die Abteilung "Elektronik" belassen. Dies ist insbesondere von Bedeutung für die E-T-A-eigenen Produkte, in die Hybridschaltungen integriert sind, um eine gute Abstimmung der Entwicklung des Gesamtprodukts sowie der Hybridbestandteile einerseits und Produktionsplanung und -steuerung sowie der Montage andererseits erreichen zu können.

o Die Auftragsakquisition wird vor allem von der Abteilung "Elektronik" in Zusammenarbeit mit der Hybridgruppe betrieben. Der Hybridgruppe kommt vor allem der Teil der technischen Beratung zu. Hybridschaltungen werden nur in Ausnahmefällen in den Vertrieb des Gesamtunternehmens einbezogen.

  Weitergehende Überlegungen, die Auftragsakquisition der Hybridgruppe vollständig zu übertragen, wurden erwogen, aber zurückgestellt. Ein wesentlicher Grund ist in der Konkurrenzsituation unterschiedlicher Technologien zu sehen (SMD, Leiterplatten). Hieraus ergibt sich die Notwendigkeit immer wieder im Einzelfall zu entscheiden, ob eine Schaltung als Hybridschaltung oder in einer anderen Technologie angeboten und ausgeführt werden soll. Solche, auch strategisch bedeutsame Entscheidungen, blieben in der Verantwortung der Abteilungsleitung "Elektronik".

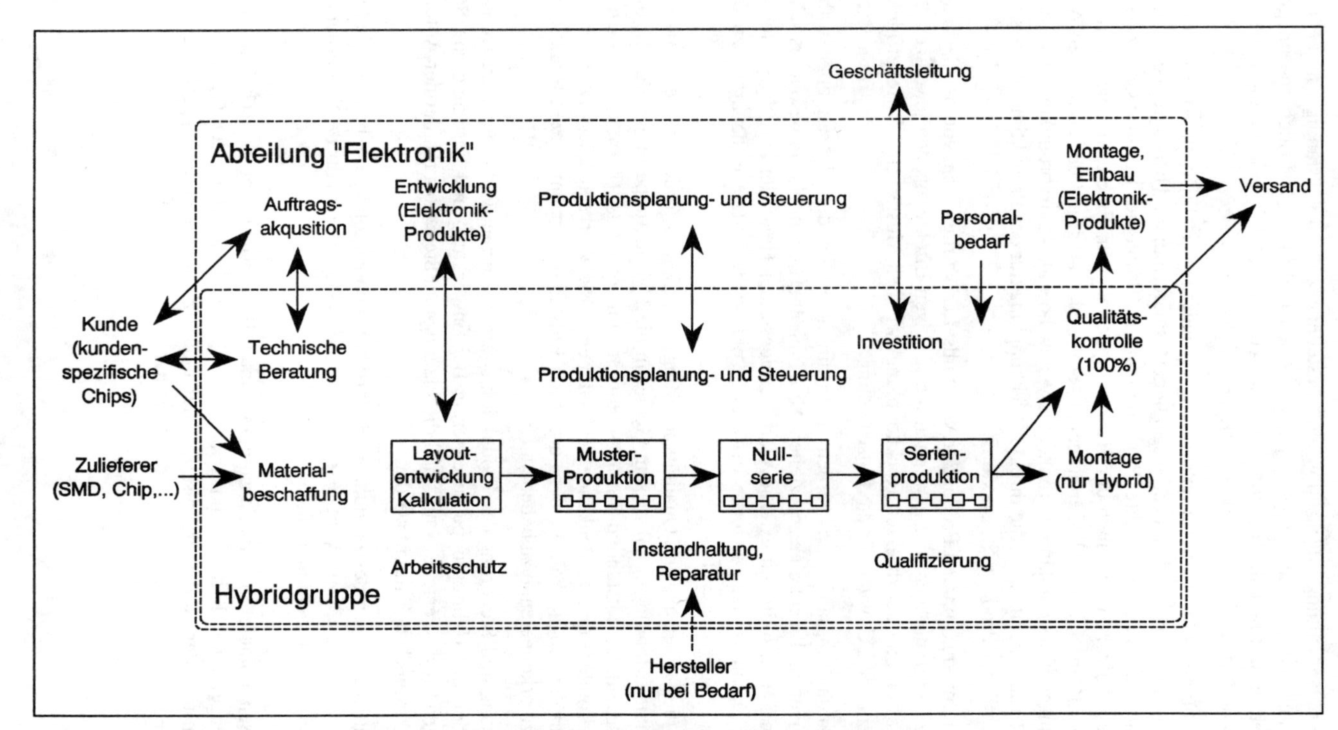

Abbildung 7.2: Betriebliche Funktionen in der Hybridgruppe und Schnittstellen nach außen

- o Materialverwaltung, -disposition und -bestellung wurden vollständig vom zentralen Einkauf und Wareneingangslager abgekoppelt und in die Hybridgruppe integriert. Durch diese Maßnahme erhöhte sich der Handlungsspielraum und die kurzfristige Reaktionsmöglichkeit der Hybridgruppe.
- o Schaltungslayout, Machbarkeitsprüfung, technische Spezifikation von Schaltungen und Kalkulation wurden nicht ausgegliedert, sondern in die Hybridgruppe integriert. Damit wurden auch direkte Rückkopplungen (Probleme, Erfahrungen) zwischen diesen Aufgaben innerhalb der Hybridgruppe möglich. Eine erwogene Zentralisierung z.B. in einem CAD-Servicecenter erwies sich aufgrund der komplexen Anforderungen und dem damit verbundenen Know-how als kontraproduktiv. Der Gewinn von Erfahrungen durch die direkte Rückkopplung mit der Produktion erwies sich als wesentlicher Produktivitätsfaktor.
- o Musterproduktion und Produktion von Nullserien wurden nicht von der Serienfertigung getrennt. Auch hier gewannen die positiven Effekte aus den jeweiligen Lernprozessen und der direkten Rückkopplung zwischen Muster- und Serienproduktion wesentliches Gewicht für die Entscheidung.
- o Instandhaltungsaufgaben wurden weiterhin innerhalb der Hybridgruppe wahrgenommen und nicht einer speziellen Abteilung übertragen. Nur in besonders schwierigen Fällen sollte auf externe Wartungsdienste der Hersteller zurückgegriffen werden. Damit verband sich die Erwartung, eine hohe Systemverfügbarkeit zu erreichen.
- o Um die Umsetzung von Qualitätssicherungsstrategien zu fördern, wurde ein Techniker mit Erfahrungen auf diesem Gebiet in die Hybridgruppe integriert. Mit dieser Entscheidung entstanden Voraussetzungen, um qualitätssichernde Aufgaben und insbesondere qualitätslenkende Maßnahmen in die Werkstatt rückzuverlagern, und damit die Möglichkeit, Fehler bereits am Entstehungsort mit kurzen Reaktionszeiten zu erkennen und zu beheben.
- o Planung und Steuerung der Produktion sowie alle arbeitsvorbereitenden Aufgaben wurden der Hybridgruppe zugewiesen. Bei Entwicklung und Fertigung von Schaltungen für das "eigene Haus" muß die Planung und Steuerung mit der der Abteilung "Elektronik" abgestimmt werden.
- o Sämtliche Fragen der Produkt- und Verfahrensinnovation verblieben innerhalb der Hybridgruppe soweit nicht externes Expertenwissen außerhalb des Unternehmens herangezogen werden mußte.

Um diesen komplexen Funktionsumfang unter Berücksichtigung wirtschaftlicher und menschengerechter Kriterien integrieren zu können, bedurfte es der Gestaltung von Abläufen und der Aufbauorganisation, der Qualifizierung aller Beteiligten (vgl. Kapitel 10) und der Weiterentwicklung der Technik.

7.2 Entwicklung des Konzeptes zur gruppenorientierten Arbeitsgestaltung

In einer Arbeitsgruppe "Organisation", die aus Angelernten, Technikern und Vorgesetzten der beiden Fertigungsabschnitte "Druckerei" und "Bestückerei"[1] zusammengesetzt war, wurde die Entwicklung einer wirtschaftlichen und menschengerechten Arbeitsorganisation über einen offenen Suchprozeß durchgeführt. Ausgangspunkt waren dabei die Analyse und Bewertung der verschiedenen bisherigen Organisationsformen, sowie die Ermittlung aktueller Defizite und Anforderungen. Hieraus wurden weiterentwickelte Organisationsmodelle abgeleitet und erprobt. Zur Optimierung wurden diese Schritte in Iterationsschleifen mehrfach durchlaufen (vgl. Kapitel 8, Abbildung 8.1), wobei schrittweise weitere betroffene Gestaltungsdimensionen einbezogen wurden (vgl. Kapitel 7.4, Abbildung 7.9).

Die Entwicklung der Organisationsstrukturen bis zum Beginn des A&T-Projekts läßt sich in drei Phasen mit jeweils charakteristischen Strukturen zusammenfassen.

Die **Aufbauphase** der Hybridgruppe war gekennzeichnet durch weitgehend selbständige Entwicklung von Verfahrens- und Produkt-Know-how und Zusammenstellung der notwendigen Technologie im Laborbetrieb. Nach der Aufnahme der Serienfertigung fand eine Trennung von Entwicklung und Fertigung statt, verbunden mit der weiteren Einführung tayloristisch geprägter Arbeitsstrukturen. Während der Gruppenleiter und die Leiter der beiden Fertigungsabschnitte "Druckerei" und "Bestückerei" (Techniker) weiterhin die Aufgaben der Produkt- und Verfahrensentwicklung durchführten, übernahmen andere Techniker Programmierung, Rüsten, Reparatur und Kontrolle. Ausführende Tätigkeiten oblagen Angelernten in der Hybridfertigung unter der Leitung einer Vorarbeiterin. Diese übernahm neben der Ermittlung und Weitergabe des Produktionsstands und der Arbeitsverteilung auch das Einrichten der Maschinen. Die Arbeiterinnen bearbeiteten jeweils nur wenige Fertigungsschritte.

Abbildung 7.3 zeigt die Organisationsstrukturen in dieser Aufbauphase. Dabei wird die Arbeitsteilung zwischen den höher qualifizierten Aufgaben durch die männlichen Angestellten und den ausführenden Tätigkeiten mit geringeren Qualifikationsanforderungen durch die Arbeiterinnen bereits deutlich.

Mit wachsendem Auftragsbestand, insbesondere durch einige Großaufträge, war die Auslastungsgrenze der Anlagen erreicht. Dies hatte in einer **Phase der Ausweitung der Produktion** die Einführung einer zusätzlichen verkürzten Abendschicht zur Folge. Dadurch wurde eine Ergänzung der Aufbauorganisation erforderlich (Abbildung 7.4), die insbesondere dadurch gekennzeichnet war, daß in der Abendschicht die Techniker im Wechsel die Schichtführung übernahmen. Das Personal wurde sowohl um Arbeiterinnen, als auch um Techniker erweitert.

---

[1] Der zweite Fertigungsabschnitt (bisher Hybrid-Fertigung genannt) wird im folgenden zur genaueren Abgrenzung und in Anlehnung an seine zentrale Aufgabe als "Bestückerei" bezeichnet. Welche weiteren Aufgaben den Fertigungsabschnitten zugeordnet werden, war Gegenstand des Entwicklungsprozesses.

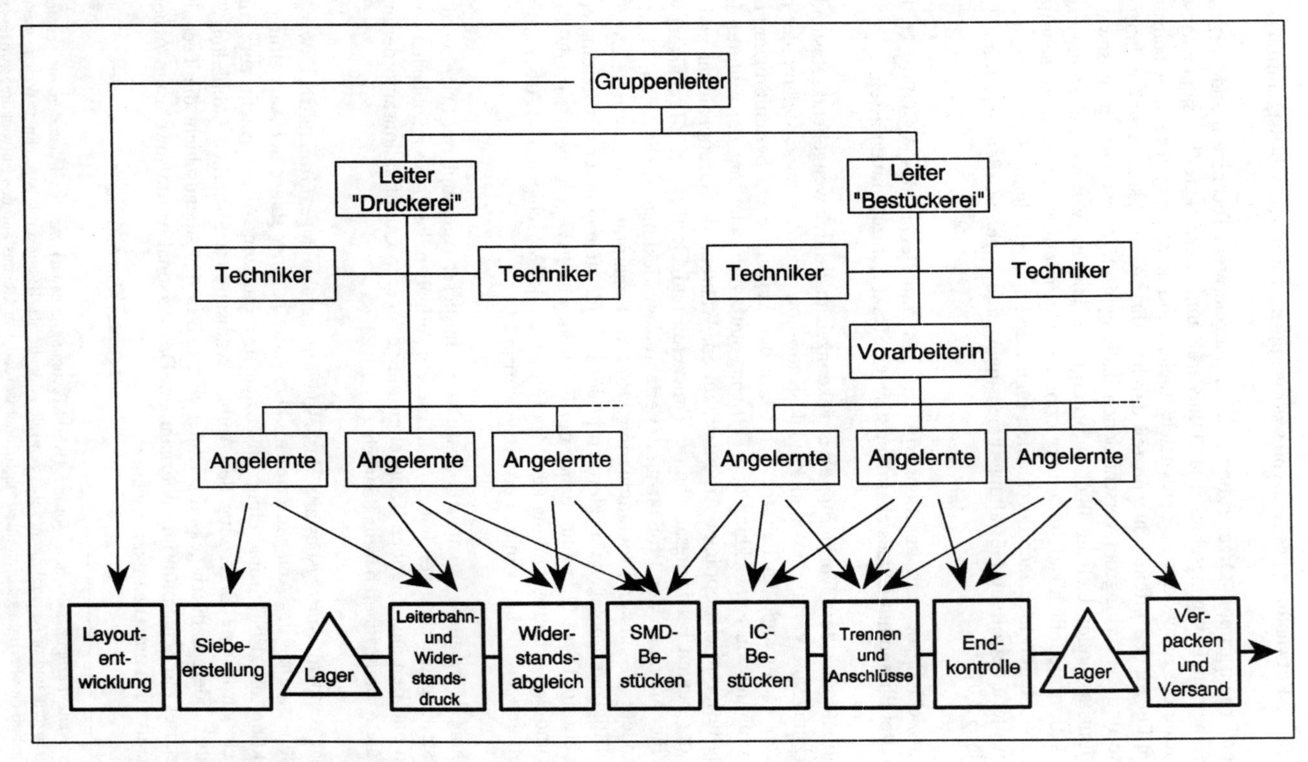

Abbildung 7.3: Fertigungsorganisation in der Aufbauphase

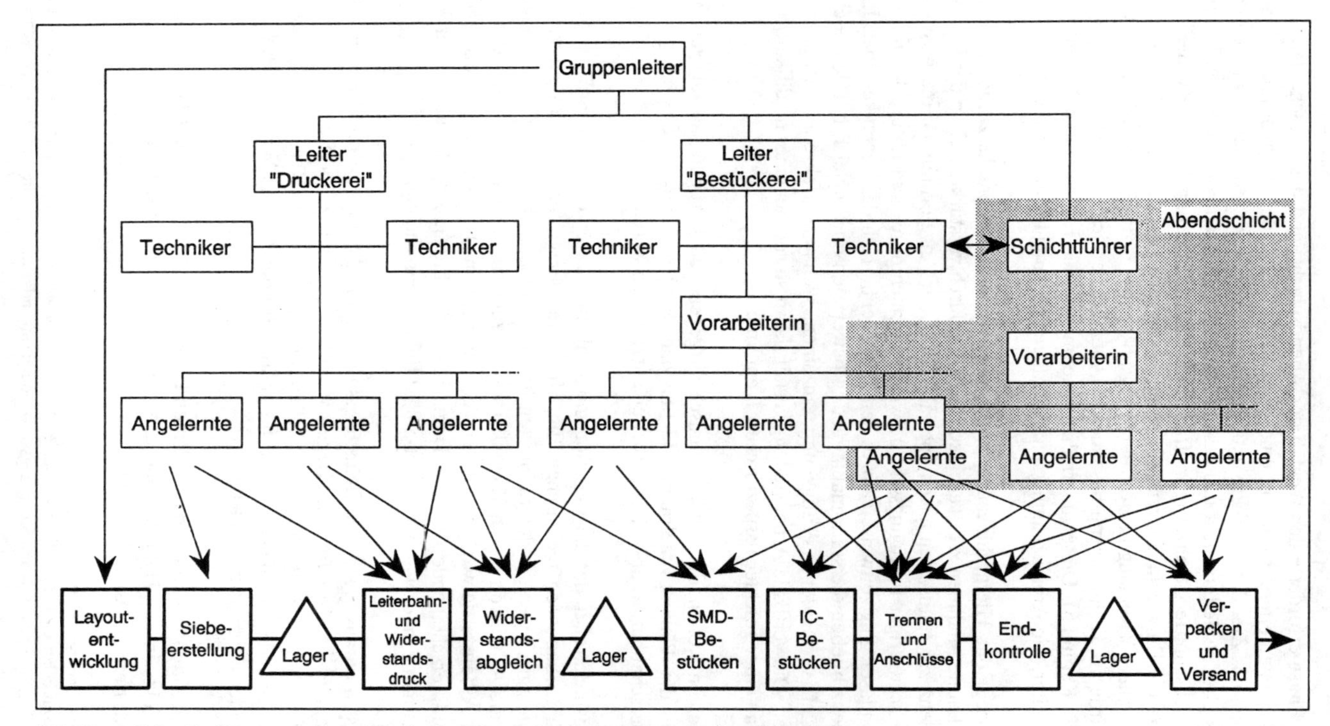

Abbildung 7.4: Fertigungsorganisation in der Phase der Ausweitung der Produktion

In der **3. Phase** erforderte der Wegfall der Abendschicht[2] und das Ausscheiden des bisherigen Gruppenleiters wiederum eine Neustrukturierung der Aufbauorganisation. Im Vorgriff auf das Ziel des A&T-Projekts, Hierarchieebenen zu reduzieren, wurde die Position des Gruppenleiters nicht neu besetzt. Vielmehr übernahmen die beiden Leiter der Fertigungsabschnitte gleichzeitig inoffiziell die Gruppenleitung bzw. seine Stellvertretung sowie die Entwicklung. Damit fand durch stärkere Zuordnung des Personals auch eine deutlichere Trennung in zwei Fertigungsabschnitte statt. Ein Mitarbeiter des Prüffeldes wurde als Techniker mit besonderem Aufgabenbereich in die Hybridgruppe integriert (vgl. Kapitel 5). Dieser übernahm zunehmend auch Entlastungsaufgaben für den Gruppenleiter, wie Arbeitsplanung und Aufgabeneinteilung für die Bestückerei.

Das Konzept der Hierarchieebene "Vorarbeiterin" wurde ebenfalls zurückgenommen. Ihre Funktionen nahmen z.T. Techniker wahr. Dadurch verstärkte sich in der Druckerei die Tendenz zur statusorientierten Spezialisierung der Angelernten auf die Ausführung einzelner schwieriger Fertigungsschritte wie Dickschichtdruck und Lotdruck. Die Arbeit am Trimmlaser ging zeitweise ganz in den Aufgabenbereich der Techniker über. In der Konsequenz blieben die statusmäßig niedrig bewerteten und zugleich mit den höchsten Belastungen verbundenen Tätigkeiten einzelnen, weniger erfahrenen Arbeiterinnen überlassen. Die vertikale Arbeitsteilung verlief damit sowohl an einer qualifikatorischen als auch an einer geschlechtsspezifischen Trennlinie.

Durch den in weiten Bereichen technisch vorgegebenen Fertigungsablauf war in der Druckerei der Planungsspielraum und -aufwand begrenzt. Für die Beschäftigten war leicht überschaubar, wann welche Arbeiten auszuführen waren.

In der Bestückerei, in der die Variationsmöglichkeiten wegen der größeren Zahl der z.T. mehrfach vorhandenen technischen Einrichtungen, der größeren Mitarbeiterzahl und des technologisch weniger determinierten Fertigungsablaufs deutlich größer sind, wurde dagegen die Arbeit von einem Techniker ad-hoc zugewiesen, d.h. wenn eine Angelernte mit ihrer Arbeit fertig war, gab ihr der Techniker eine neue, vom Produktionsstand her naheliegend erscheinende Aufgabe. Damit bestanden für die Angelernten weder Handlungsspielräume, noch war der Arbeitsablauf für sie überschaubar.

Um die sich daraus ergebende Belastungssituation für die Arbeiterinnen zu verringern, wurden einige wenige informelle Regeln eingeführt. Hierzu gehörte die Einführung einer Art Rotation nach der Maßgabe, daß eine Arbeiterin in der Regel nicht an zwei Tagen hintereinander die gleiche Arbeit tun mußte. An der Art und Weise der Arbeitseinteilung änderte sich dadurch nichts.

Die Organisationsstrukturen dieser dritten Phase wurden zu Beginn der Hauptphase des A&T-Projekts in der Hybridgruppe angetroffen und bildete die Ausgangslage für die Neustrukturierung (Abbildung 7.5).

---

[2] Ein wesentlicher Grund für die Aufgabe der Abendschicht war in der eingeschränkten Flexibilität und in dem hohen Informations- und Steuerungsaufwand bei sinkender wirtschaftlicher Effizienz zu sehen.

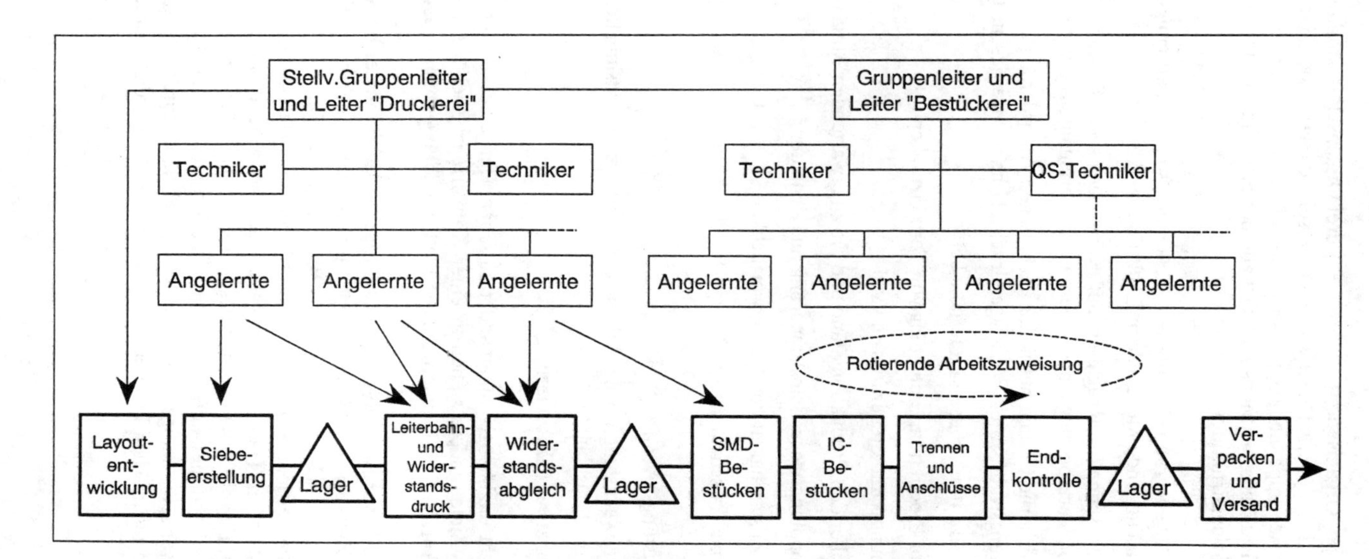

Abbildung 7.5: Fertigungsorganisation in der Phase der Stabilisierung

In der Arbeitsgruppe "Organisation" wurden diese drei Organisationsstrukturen ausführlich besprochen und analysiert. Dabei wurden einerseits die Anforderungen an die Organisation der Hybridgruppe und andererseits - zusätzlich unterstützt durch Befragungen und Erfassen des Tätigkeitsspektrums - die Defizite der bisherigen und insbesondere der aktuellen Organisationsstrukturen ermittelt.

Nach dem in der Arbeitsgruppe ermittelten Zielkatalog soll die Fertigungsorganisation so gestaltet sein, daß folgende Merkmale möglichst optimal unterstützt werden:

- o Flexibilität, d.h. schnelles Reagieren auf Kundenwünsche, Produktionsstörungen, Personalausfall, Verarbeitung eines höheren Kleinserienanteils usw.
- o Hohe Prozeßsicherheit (auch bei neuen technischen Anforderungen wie Verarbeitung von Leistungstransistoren, Mehrlagendruck), hohe nachgewiesene Qualität
- o Kurze Durchlaufzeiten, schnelle Lieferfähigkeit
- o Planbarkeit der Produktion, Einhaltung von Terminzusagen
- o Geringer Planungs- und Steuerungsaufwand
- o Transparenz über den Produktionsstand und die zu erwartenden Aufgaben
- o Kurze Rückkopplungswege, Selbststeuerung und -lenkung
- o Klarheit über Zuständigkeit und Verantwortlichkeit
- o Handlungs- und Entscheidungsspielräume für die Mitarbeiter, Selbstplanung und -steuerung
- o Geringes Belastungsniveau
- o Interessante, abwechslungsreiche Arbeit, ganzheitliche Arbeitsinhalte, zusammenhängende Produktionsabläufe
- o Möglichkeiten, etwas dazu zu lernen

Die Ziele sind nicht unabhängig voneinander zu sehen. Einige der genannten Ziele unterstützen andere Ziele, andere stehen in einer Konkurrenzbeziehung. Z.B. kann mit Transparenz und kurzen Rückkopplungswegen die Flexibilität gesteigert werden.

Im Spiegel dieser Zielvorgaben zeigten sich zahlreiche Defizite in der bisherigen Organisationsstruktur. Zwar war die Hybridgruppe aufgrund ihrer begrenzten Größe relativ leicht überschaubar und schien auf den ersten Blick relativ flexibel zu sein. Dennoch ließen sich eine Reihe betrieblicher Defizite, wie z.B. zu lange Durchlaufzeiten und häufiges Umrüsten, feststellen. Transparenz war aber auch weitgehend nur für die Leitungspersonen gegeben. Für die Arbeiterinnen bestand kaum Transparenz über die Struktur, den Fertigungsstand und die Auftragslage. Formale Strukturen fehlten weitgehend. Für die Angelernten war selbständiges Handeln kaum möglich, wodurch bei Störungen eine Abhängigkeit vom technischen Personal bestand, mit der Folge, daß sich je nach Belastung einzelner Techniker Reibungen und Störungen einstellten. Kurze Rückkopplungswege, wie sie durch Selbstkontrolle und selbständigen Lenkungsmaßnahmen möglich sind, waren damit weitgehend ausgeschlossen.

Die gering formalisierten Strukturen verleiteten zudem dazu, z.B. bei Eilaufträgen massive Steuerungseingriffe vorzunehmen, was u.a. die Durchlaufzeiten insgesamt deutlich verlängerte und die Planbarkeit des Fertigungsablaufs stark beschränkte. Da jede Aufgabe zentral gesteuert werden mußte, war auch der Planungs- und Steuerungsaufwand sehr hoch.

Durch die z.T. unklaren informellen Zuständigkeiten, die geringe Transparenz der Strukturen und die für die Angelernten fehlende Überschaubarkeit entstanden Spannungen zwischen den Beschäftigten und Beschäftigtengruppen, sowie Unsicherheit über die eigene Position in der Gruppe. Demzufolge bestanden Tendenzen zur Statussicherung mit z.T. negativen Rückwirkungen auf die Leistungsfähigkeit.

Da in der Druckerei mit den dort anfallenden Tätigkeiten jeweils ein unterschiedliches Statusniveau verbunden wurde, war hier insbesondere die horizontale Arbeitsteilung stark ausgebildet. Der Dickschichtdrucker wurde z.B. ausschließlich von einer bestimmten Angelernten bedient. Dadurch blieben die belastenden optischen Leiterbahnkontrollen am Mikroskop den Angelernten mit kürzerer Zugehörigkeit zur Druckerei überlassen.

Den Grad der vertikalen Arbeitsteilung verdeutlicht die Analyse einer als repräsentativ zu bewertenden zweiwöchigen Erfassung des Tätigkeitsspektrums durch alle Beschäftigten der Hybridgruppe. Abbildung 7.6 zeigt die Verteilung der Arbeit zwischen Techniker und Angelernten. Danach führten Angelernte fast ausschließlich ausführende und kontrollierende Tätigkeiten aus, während die Techniker zu 81 % mit nicht direkt produktiven Tätigkeiten befaßt waren. Dabei mußte zudem berücksichtigt werden, daß sich Einrichttätigkeiten (4 %) und Wareneingang (5 %) auf jeweils nur eine Angelernte und jeweils auf einfache Tätigkeiten beziehen, so daß von einer noch stärkeren vertikalen Arbeitsteilung zwischen Technikern und Angelernten ausgegangen werden muß als in Abbildung 7.6 ersichtlich. Wie die Analyseergebnisse aus der Vorphase zeigen (vgl. Kapitel 5.1), waren ausführende und kontrollierende Tätigkeiten unter diesen Bedingungen aufgrund ihres stark repetitiven Charakters und des hohen Anteils an Mikroskoparbeit deutlich belastender als die anderen genannten Tätigkeiten.

Insbesondere hinsichtlich der Arbeitsmonotonie, der Zwangshaltungen und des dauerhaften Umgangs mit einzelnen Gefahrstoffen wurde diese Belastungssituation auch von den Betroffenen entsprechend negativ beurteilt (vgl. Kapitel 5.2.1).

Darüber hinaus zeigten sich in der Fertigung weitere organisatorische Probleme. Der Trend zu immer mehr kundenspezifischen Kleinaufträgen erhöhte auch den relativen Rüstaufwand, führte zu Engpässen an rüstaufwendigen Maschinen und stellte erhöhte Anforderungen an die Produktionsplanung und -steuerung.

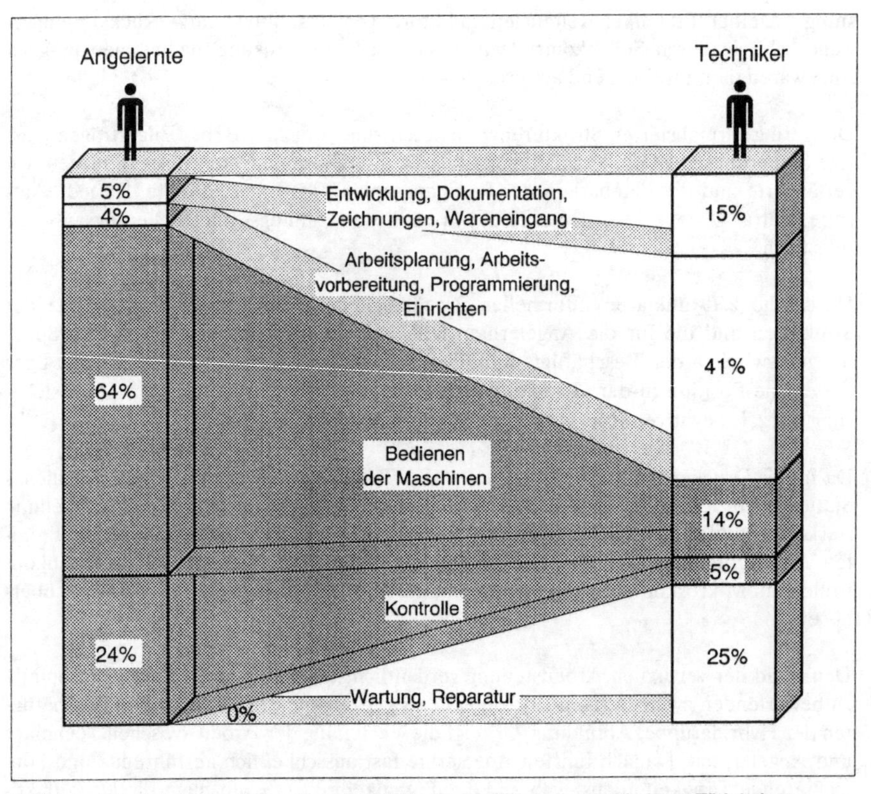

Abbildung 7.6: Anteile der Gesamtarbeitszeit für die Ausführung verschiedener Tätigkeiten durch Angelernte und Techniker

Schwierig gestaltete sich die Beschaffung von Zulieferteilen (u.a. SMD-Bauteile) insbesondere bei diesen Kleinaufträgen. Lange Lieferfristen führten zu langen Zwischenlagerungen und Qualitätseinbußen aufgrund von Alterungserscheinungen. Unklarheiten über den tatsächlichen Liefertermin von Bauteilen verhinderten eine genaue Fertigungsplanung und zuverlässige Lieferterminzusagen an die Kunden und führten zu häufigen Produktionsstörungen.

Dieser unvollständige Katalog von z.T. schwerwiegenden Defiziten einerseits und das eingangs beschriebene Zielsystem andererseits bestimmte das Handlungsfeld der Reorganisation der Hybridgruppe.

Als Basiskonzept wurde auf das Modell der "Qualifizierten Produktionsarbeit" zurückgegriffen, das durch die abgestimmte Gestaltung von Arbeitsplatzwechsel, -erweiterung und -anreicherung sowie Gruppenarbeit den Abbau von Belastungen, die Erweiterung von Qualifikationen sowie die Schaffung individueller und kollektiver Handlungsspielräume erreicht (Krüger, Nagel, Schlicht 1989). Für die konkrete Übertragung qualifizierter Produktionsarbeit auf die Verhältnisse in der Hybridgruppe sind folgende Elemente bedeutsam:

- Schaffung ganzheitlicher Arbeitsvollzüge, d.h. Reduzierung der vertikalen Arbeitsteilung zwischen Techniker und Angelernten und Reduzierung der horizontalen Arbeitsteilung durch Bearbeitung mehrerer oder aller Fertigungsschritte
- Übernahme möglichst vieler Funktionen durch die einzelnen Mitarbeiter einschließlich planender, steuernder, kontrollierender und lenkender Aufgaben vor Ort (polyvalente Qualifikationen), d.h. Reduzierung vertikaler Arbeitsteilung
- Einführung von Gruppen- und Teamarbeitsformen mit der Möglichkeit von Arbeitsplatzwechseln, Belastungsausgleich und persönlichen Entwicklungsmöglichkeiten

Qualifizierte Produktionsarbeit ist z.B. nach dem Konzept der Fertigungsinsel möglich, das durch folgende Merkmale gekennzeichnet ist (nach AWF 1984):

- Vollständige Bearbeitung von Werkstücken in der Fertigungsinsel
- Zusammenfassung gleich oder ähnlich zu bearbeitender Objekte (Objektprinzip; Teilefamilien)
- Zulassen unterschiedlicher Arbeitsvorgangsfolgen (Gruppenprinzip)
- Keine Verkettungseinrichtungen
- Integration dispositiver und kontrollierender Aufgaben in die Fertigungsinsel (Selbststeuerung)

Damit eignet sich das Fertigungsinselprinzip als Grundkonzept für die Gestaltung der Arbeitsorganisation in der Hybridgruppe. Das Fertigungsinselkonzept wird bisher jedoch schwerpunktmäßig in der Metallbearbeitung, der Montage und in größeren Betrieben eingesetzt (AWF 1987). Die zugehörigen Fertigungsabläufe sind in der Regel technologisch relativ einfach und durch eine große Ähnlichkeit der Produkte (z.B. Drehteile) und der Fertigungsprozesse (Drehen, Fräsen, Schleifen usw.) gekennzeichnet. Unter solchen Bedingungen ist das vorgeschlagene schrittweise Vorgehen nach der Gruppentechnologie sinnvoll (vgl. Brödner 1985, S. 147).

Die Hybridgruppe stellt jedoch eine High-Tech-Fertigung mit technologisch sehr unterschiedlichen und komplexen Fertigungsprozessen dar, die im Produktionsablauf z.T. eng aneinander gekoppelt sind. Alle Produkte werden in einer überschaubaren Produktionsgruppe kundenspezifisch entwickelt und auf Kundenanfrage gefertigt. Die Vorgehensweise zur Einführung von Fertigungsinseln nach der Gruppentechnologie ist damit in der Hybridgruppe nicht einsetzbar.

Die Entwicklung von Fertigungsinseln in der Hybridgruppe mußte deshalb in einem offenen Suchprozeß geschehen, bei der fünf Gestaltungsebenen von Bedeutung waren:

- Gestaltung des Fertigungsablaufs
- Zuordnung des Personals

- o Gestaltung der Zusammenarbeit
- o Gestaltung der Auftragszuordnung
- o Gestaltung der Arbeitsplatzwechsel

Für diese Gestaltungsebenen wurden in der Arbeitsgruppe "Organisation" zunächst verschiedene mögliche Gestaltungsvarianten entwickelt und diskutiert. Die verschiedenen Gestaltungsvarianten der fünf Ebenen wurden dann in verschiedenen Kombinationen zu Fertigungsmodellen konkretisiert und diskutiert.

Bei der Modellentwicklung und der Kombination der Gestaltungsvarianten wurde auf die Szenariotechnik (Ulrich, Probst 1990) zurückgegriffen, d.h. die zunächst abstrakt wirkenden Organisationsmodelle wurden durch gedankliche Umsetzung in konkrete Produktionssituationen und Durchspielen der Abläufe (Informations- und Materialfluß) "sichtbar" gemacht. Hierfür eignete sich besonders die Verwendung der jeweils aktuellen Produktions- und Auftragssituation. Die Szenariotechnik erleichterte damit die an den o.g. Zielen konkretisierte Bewertung und Auswahl der Fertigungskombinationen.

Bei der **Gestaltung des Fertigungsablaufs** ist zunächst zu beachten, daß einige Fertigungsschritte in einem engen Zusammenhang stehen. Z.T. muß der nachfolgende Fertigungsschritt unmittelbar im Anschluß an den vorherigen Fertigungsschritt erfolgen, um eine hohe Fertigungsqualität zu erreichen. Hierzu gehören insbesondere die Fertigungsschrittkombinationen

- Dickschichtdrucken und Einbrennen,
- Lotdrucken und SMD-Bestücken,
- IC-Bestücken und Härten,
- Bonden und Verkapseln.

Andererseits werden sehr verschiedene Technologien eingesetzt, bei der die Siebdrucktechnik und die Bestückungstechnik von SMD- und IC-Bauteilen die zentralen Verfahren bilden. Die Schnittstelle im technologischen Fertigungsablauf zwischen diesen Verfahren befindet sich zwischen Lotdrucken und SMD-Bestücken.

Unter Berücksichtigung dieser verfahrenstechnischen Bedingungen und der Bedingungen in der Hybridgruppe wurden zwei Gestaltungsvarianten für den Fertigungsablauf erarbeitet:

- o Aufteilung des Fertigungsablaufs in die drei Fertigungsabschnitte "Druckerei", "SMD" und "Hybrid"

  Der Fertigungsabschnitt "SMD" umfaßt im wesentlichen die zeitlich besonders eng gekoppelten Fertigungsschritte "Lotdrucken" und "SMD-Bestücken".[3]

---

[3] Wegen der Trocknung der Lotpaste muß das SMD-Bestücken spätestens eine Stunde nach dem Lotdruck stattfinden.

- o Bildung von zwei Fertigungsabschnitten "Druckerei" und "Bestückerei"

  Das Lotdrucken wird der Druckerei und das SMD-Bestücken der Bestückerei zugeordnet und erfordert eine enge Kopplung der Fertigungsabschnitte.

Berücksichtigt man in diesem Zusammenhang die o.g. Ziele der Reorganisation, so erscheint die "Steuerbereichsphilosophie" als Lösungsmodell für die dezentrale Fertigungssteuerung in der Serienfertigung besonders geeignet.

"Dabei wird unter einem Steuerbereich ein Bereich der Fertigung verstanden, der nach einem bestimmten Steuerprinzip arbeitet und sich im wesentlichen nach der Vorgabe eines größeren Auftragsbündels für einen bestimmten Zeitraum selbst steuert. Er stellt somit eine autonome Einheit im Betrieb dar, der die interne Fertigungs-, Transport-, Termin- und Bestandsverantwortung trägt." (HAMACHER, PAPE 1991, S. 53)

Mit dem Steuerbereichskonzept verbunden ist die Entkopplung der Steuerbereiche aus einem starren Produktionsfluß durch Zwischen- oder Pufferlager. In Abbildung 7.7 sind die beiden o.g. Gestaltungsvarianten für den Fertigungsablauf als Steuerbereiche dargestellt.

Die **Zuordnung des Personals** orientiert sich zunächst an den beiden zentralen Fertigungsverfahren der Hybridproduktion "Dickschicht- und Lotdruck" und "Bauteilbestückung". Für diese Verfahren sind unterschiedliche Qualifikationen auf hohem Niveau erforderlich. Deshalb ist für jedes Verfahren ein verantwortlich leitender Techniker zuständig, dem jeweils Techniker und Angelernte zugeordnet sind. Die Zuständigkeit dieser beiden Fertigungsgruppen für die Steuerbereiche der beiden in Abbildung 7.7 dargestellten Gestaltungsvarianten für den Fertigungsablauf und die Zusammenarbeit der beiden Fertigungsgruppen können in unterschiedlicher Weise gestaltet werden. Hierzu wurden drei verschiedene Modelle diskutiert:

- o Modell "Drei getrennte Gruppen"

  Den drei Steuerbereichen des dreigeteilten Fertigungsablaufs (Abbildung 7.7, oben) wird jeweils eine Fertigungsgruppe zugeordnet. Es entstehen damit drei sehr kleine Gruppen, in denen ganzheitliche Arbeitsvollzüge kaum noch möglich sind, der Gesamtzusammenhang für die Beschäftigten und die Flexibilität der Produktion deutlich zurückgeht.

- o Modell "Zwei überlappende Gruppen"

  Die Steuerbereiche "Druckerei" und "Hybrid" des dreigeteilten Fertigungsablaufs (Abbildung 7.7, oben) werden jeweils einer Fertigungsgruppe zugeordnet; Steuerbereich "SMD" wird von den beiden Fertigungsgruppen gemeinsam bearbeitet. Mit dieser Personalzuordnung kann ein breiter Einblick der Mitarbeiter in den Fertigungsablauf erreicht werden. Die bisherigen Erfahrungen zeigen jedoch Probleme bei der Verantwortungs- und Zuständigkeitsabgrenzung. Zudem ist für die Koordination des mittleren Steuerbereichs in diesem Modell eine zentrale Steuerung mit relativ hohem Aufwand erforderlich.

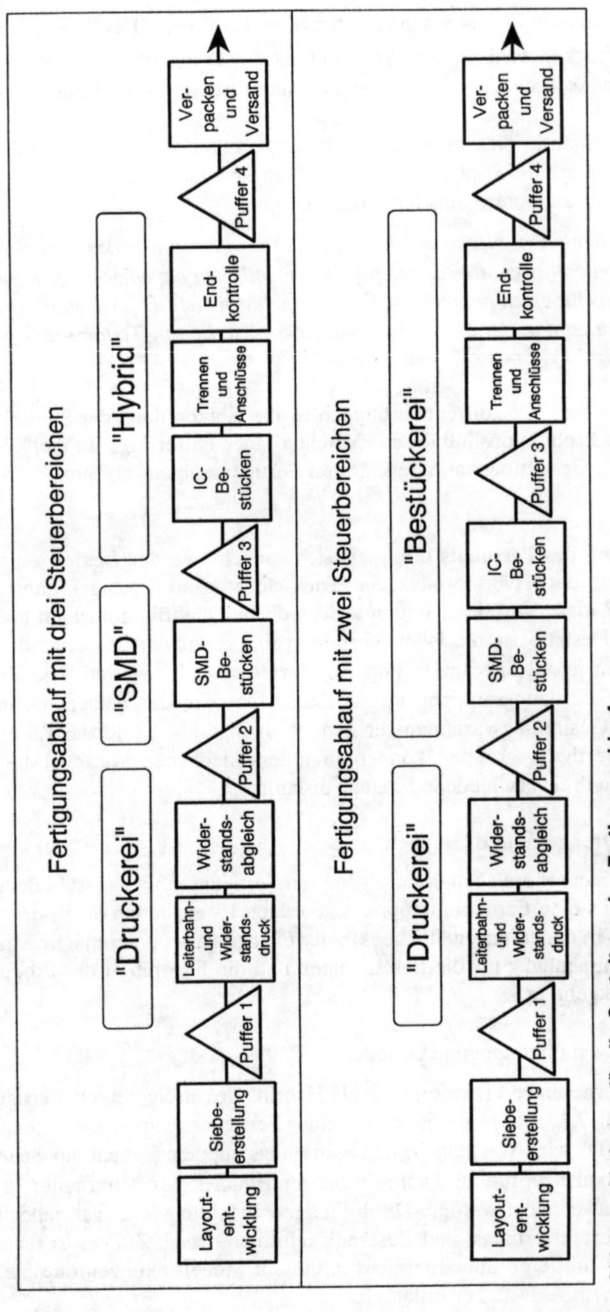

Abb 7.7: Varianten für die Gestaltung des Fertigungsablaufs

o Modell "Zwei getrennte Gruppen"

Die beiden Steuerbereiche des zweigeteilten Fertigungsablaufs (vgl. Abbildung 7.7, unten) werden jeweils einer Fertigungsgruppe zugeordnet. Dabei muß aufgrund der verfahrenstechnisch bedingten Kopplung der Fertigungsschritte "Lotdrucken" und "SMD-Bestücken" die Steuerbereichsgrenze zwischen den beiden Fertigungsgruppen in besonderer Weise gestaltet werden. Z.B. kann das Lotdrucken als ausgelagerte Serviceleistung des Steuerbereichs "Druckerei" für die "Bestückerei" ausgeführt werden. Eine klare Regelung der Verantwortung und Zuständigkeit und selbständiges Planen und Steuern des Fertigungsbereichs ist dennoch möglich.

Bei der **Gestaltung der Zusammenarbeit** zwischen Angelernten und Technikern muß gemäß den Zielen für die Neugestaltung eine Neuverteilung der Arbeitsaufgaben vorgenommen werden. Hier wurde folgende Zuordnung vorgeschlagen (vgl. Kapitel 10):

o Das Aufgabenspektrum der Angelernten soll möglichst alle vorbereitenden, einrichtenden, ausführenden, wartenden und kontrollierenden Tätigkeiten ihres Fertigungsabschnitts umfassen. Auf der Basis dieser breiten Grundqualifikation ist eine Spezialisierung für bestimmte Aufgaben oder Anlagen wünschenswert. Hinzu kommen die Qualitätsprüfung und -lenkung, Problemlösung im Team, gegenseitiges Anlernen und selbständige Planung und Steuerung der Produktion im Fertigungsabschnitt. Dabei sollen sie in den Fertigungsgruppen als Teams zusammenarbeiten. Um diese Teamarbeit zu betonen, werden die Fertigungsgruppen im folgenden als "Produktionsteams" bezeichnet.

o Die Techniker sollen insbesondere Instandhaltungs- und Reparaturarbeiten übernehmen sowie Entwicklungsprojekte und Qualifizierungsmaßnahmen durchführen und darüber hinaus die Angelernten bei auftretenden Schwierigkeiten unterstützen.

Bei der Frage der Integration der Techniker in die Produktionsteams wurden zwei Alternativen diskutiert:

o Alternative "Techniker außerhalb der Produktionsteams"

Die Techniker werden außerhalb der Produktionsteams als Stabsfunktionen der Gruppenleitung angesiedelt. Damit geht ihnen ein Stück Produktionsnähe verloren. Die Gefahr, daß die Techniker den Angelernten die interessanten Arbeiten "wegnehmen", ist gering. Wenn sie für ihre Aufgaben Zugang zu Produktionseinrichtungen benötigen, stören sie den Produktionsablauf und die Selbstplanung und -steuerung der Produktion nachhaltig.

o Alternative "Techniker innerhalb der Produktionsteams"

Die Techniker werden in die Produktionsteams integriert und nehmen von hier aus Service-, Qualifizierungs- und Entwicklungsaufgaben wahr. Sie sind damit auch in die Planung und Steuerung des Steuerbereichs integriert. Die große Produktionsnähe ermöglicht auch einen intensiven Austausch von Erfahrungen, der sowohl für die Entwicklung als auch für die Produktion wichtige Impulse liefert. Es besteht allerdings die Gefahr, daß die Techniker einrichtende, planende und steuernde Aufgaben an sich ziehen und die Angelernten nur noch rudimentär daran teilhaben.

Die vierte Gestaltungsebene ist die **Gestaltung der Auftragszuordnung** in den Produktionsteams. Auch hier wurden auf der Basis der Projektziele drei Varianten erarbeitet:

o Variante "Vollständige Komplettbearbeitung"

Der Grundgedanke dieser Variante ist die durchgängige Bearbeitung aller Fertigungsschritte der Gesamtproduktion durch die Beschäftigten der Produktionsteams, d.h. jeder führt regelmäßig jeden Fertigungsschritt aus. Insbesondere dann, wenn immer dieselben Beschäftigten einen Auftrag durch die Fertigung begleiten (siehe unten, "Auftragsorientiertes job rotation"), ist mit der Komplettbearbeitung ein Höchstmaß an ganzheitlichen Arbeitsvollzügen erreichbar. Dies erfordert allerdings ein sehr hohes Qualifikationsniveau aller Mitglieder der Produktionsteams. Problematisch ist auch die Festlegung der Größe der Werkstattaufträge, da z.T. sehr unterschiedliche Produktionszeiten für verschiedene Fertigungsschritte erforderlich sind. Bei längerer Dauer der Bearbeitung eines aufwendigen Fertigungsschritts besteht die Gefahr erhöhter Exposition gegenüber Gefahrstoffen und Monotonie. Zudem ist bei hohem zentralen Steuerungsaufwand keine Gruppenarbeit möglich. Insgesamt muß zudem mit einer deutlich verringerten Flexibilität gerechnet werden.

o Variante "Geteilte Komplettbearbeitung"

Diese Variante unterscheidet sich von der vorgenannten insofern, als sich die Komplettbearbeitung jeweils nur auf einen Steuerbereich bezieht. Damit reduzieren sich einige Probleme. Z.B. ist das erforderliche Qualifikationsniveau niedriger. Andere Probleme bleiben bestehen (z.B. Belastungen durch Monotonie und Gefahrstoffe).

o Variante "Produktmix"

Als Alternative bietet sich das Modell "Produktmix" an. Hier steht dem Produktionsteam ein Bündel mit Aufträgen verschiedener Produkte und Auftragsgrößen (Groß-, Klein-, 0- und Musterserien) für die Bearbeitung zur Verfügung. Damit wird ein Höchstmaß an Flexibilität erreicht. Zudem bieten sich vielfältige Möglichkeiten der Gestaltung der Arbeitsorganisation im Produktionsteam.

Für die fünfte Gestaltungsebene, der **Gestaltung der Arbeitsplatzwechsel**, können verschiedene Prinzipien berücksichtigt werden, die je nach Situation in den Produktionsteams flexibel, z.T. kombiniert, einsetzbar sind. Drei Prinzipien sind hier anzusprechen:

o Arbeitsschrittunabhängige job rotation

Die Mitglieder des Produktionsteams wechseln nach einem regelmäßigen Plan (z.B. einem Wochenplan mit halbtägigem Wechsel) unabhängig davon, ob ein Arbeitsschritt abgeschlossen ist.

- o Arbeitsschrittabhängige job rotation

  Die Teammitglieder bearbeiten einen Fertigungsschritt eines Auftrags vollständig und wechseln in Absprache möglichst jeweils nach Abschluß des Fertigungsschritts.

- o Auftragsorientierte job rotation

  Die Aufträge werden bestimmten Mitarbeitern zugeordnet, die der Reihe nach alle Produktionsschritte in ihrem Arbeitsbereich ausführen. Arbeitsverteilung und Arbeitsplatzwechsel orientieren sich an dieser Zuordnung. Dies kann insbesondere bei Klein-, 0- und Musterserien sinnvoll sein.

Die Diskussion der Gestaltungsvarianten und einige ihrer Kombinationen führte zu einem Herantasten an das geeignet erscheinende Organisationsmodell. Dabei gaben einige wichtige Argumente den Ausschlag:

- o Für eine Aufteilung des Personals in drei Produktionsteams, die jeweils nur einen kleinen Ausschnitt aus dem Fertigungsablauf bearbeiten sollten, erschien einerseits die Hybridgruppe zu klein, andererseits widersprach dies wichtigen Zielen der Neugestaltung (hohe Flexibilität, ganzheitliche Arbeitszusammenhänge, Handlungs- und Entscheidungsspielräume für die Mitarbeiter). Es wurde deshalb die Bildung von zwei Produktionsteams präferiert.
- o Die Abgrenzung der Produktionsteams sollte wegen bisher schlechten Erfahrungen mit unklar definierten Schnittstellen klar geregelt werden. Daher wurde das Modell "Zwei getrennte Gruppen" bevorzugt.
- o Wegen der o.g. Präferenzen bei der Personalzuordnung erschien die Aufteilung in zwei Steuerbereiche sinnvoller.
- o Die Techniker sollten wegen der Vorteile der Produktionsnähe in die Produktionsteams integriert werden. Hierbei mußten aber Regeln gefunden werden, die eine gleichberechtigte Zusammenarbeit sicherten (z.B. Techniker unterstützen die Angelernten grundsätzlich nur auf Anfrage).
- o Aufgrund der bereits genannten Nachteile der Komplettbearbeitung wurde die Variante "Produktmix" bevorzugt. Es sollte jedoch versucht werden, durch produktionsteaminterne Absprachen Ansätze der Komplettbearbeitung flexibel zu verwirklichen, soweit dies möglich ist. Hierzu sollten später Erprobungen stattfinden.
- o Arbeitsplatzwechsel sollten zunächst nach dem Prinzip der arbeitsschrittunabhängigen regelmäßigen Rotation durchgeführt werden, da hier der Planungs- und Steuerungsaufwand sehr gering und eine leichte Überschaubarkeit möglich ist. Wenn sich die Produktionsteams stabilisiert haben, sollten später weitere Prinzipien erprobt werden.

Das vorgeschlagene Organisationsmodell wird im folgenden als Szenario in leicht verkürzter Form dargestellt (Abbildung 7.8). Dabei wurden auch die wichtigsten Informations- und Steuerungswege berücksichtigt, wie sie parallel im Suchprozeß entwickelt wurden (vgl. Kapitel 8).

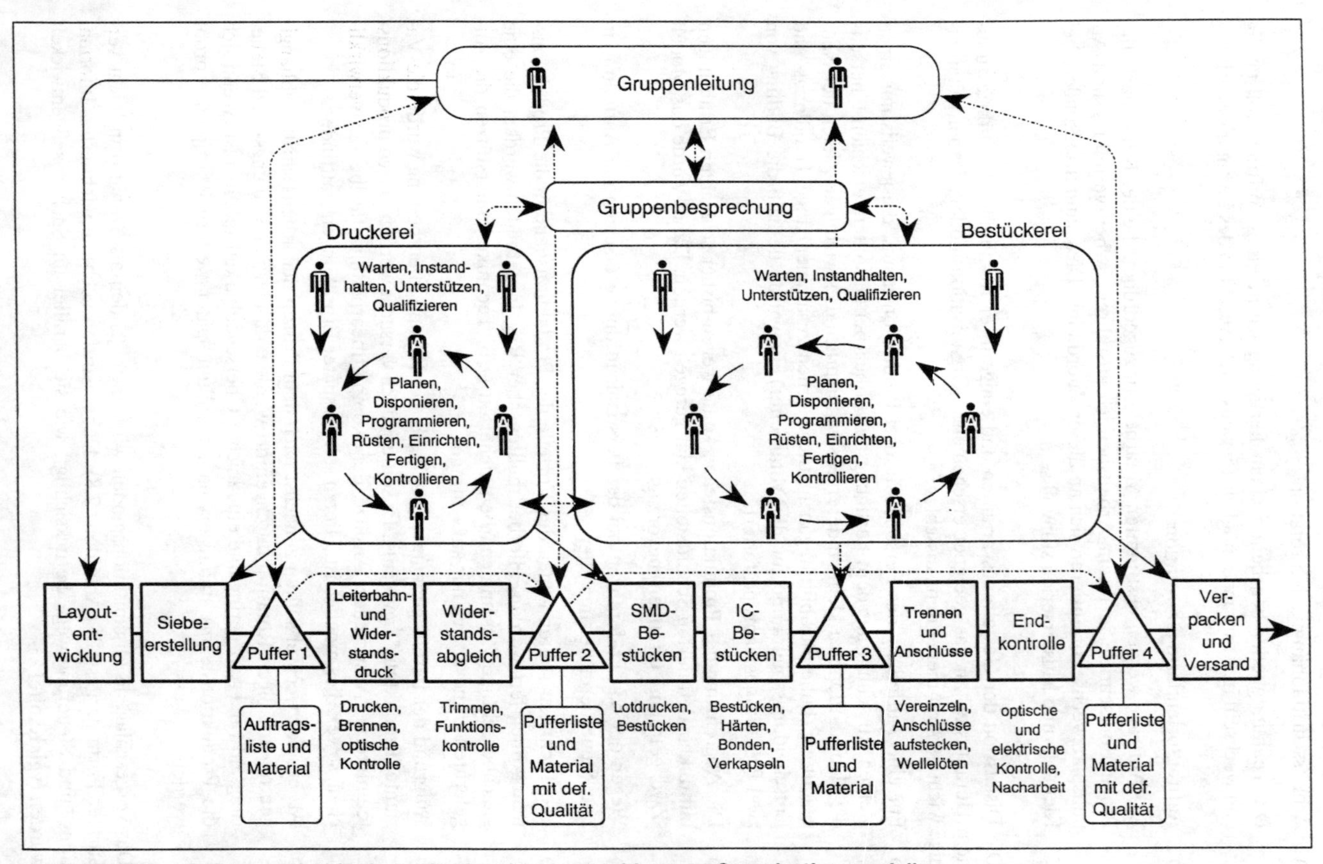

Abbildung 7.8: Aufbau- und Ablauforganisation des vorgeschlagenen Organisationsmodells

<u>Szenario</u>

Auf die Anfrage von Kunden werden bei neuen Schaltungen von der Leitung der Hybridgruppe Schaltungslayouts erstellt. Anschließend stellt die Druckerei Siebe für den Dickschichtdruck her. Bei Auftragsanfragen für Schaltungen, für die bereits Siebe vorliegen, handelt die Gruppenleitung aufgrund der Kapazitätsauslastung der Produktion die (bei größeren Aufträgen möglichst abgestuften) Liefertermine und Stückzahlen aus. (Hierfür verwendet sie ggf. ein Simulationsprogramm als Planungshilfsmittel.) Der aktuelle Produktionsstand ist jederzeit durch Einblick in die Auftragslisten der Puffer möglich (s.u.). Dabei prüft und berücksichtigt sie die Materialverfügbarkeit (Druckpasten, SMD-Bauteile, Chips, usw.) und bestellt ggf. das benötigte Material rechtzeitig. Sie stellt die Auftragsunterlagen zusammen und lastet die Aufträge mit den Auftragsdaten (Liefertermine, Stückzahlen, Bauteilverfügbarkeit, Prioritäten) in die Auftragsliste des Puffers 1 ein (Übersicht 7.1).

Übersicht 7.1: Beispiel einer Auftragsliste in Puffer 1

Auftragsnummer	Stückzahl	Termin	Bemerkungen
Halo.91.36-1	600	12.04.91	IC-Lieferung bis 08.04. Lieferung so früh wie möglich, höchste Priorität
Halo.91.36-2	600	18.04.91	
Halo.91.36-3	800	30.04.91	
Halo.91.36-4	1.200	20.08.91	Bauteile bestellt (für 01.07.91)
Fü24.91.37-1	500	11.04.91	
Fü24.91.37-2	2.500	08.06.91	
Nive.91.38-M	100	(30.04.91)	Muster
SW3.91.39-O	500	30.04.91	O-Serie (IC-Lieferung: Kundenrücksprache
SW3.91.39-1	1.500	31.05.91	IC-Lieferung: Kundenrücksprache

Einmal wöchentlich findet eine Arbeitsbesprechung der gesamten Hybridgruppe statt. Hier wird über die neuesten Entwicklungen informiert, können Probleme erörtert und Produktionsabsprachen getroffen werden. (Auch hier wird im Vorfeld bei Bedarf ein Simulationsprogramm als Planungshilfsmittel eingesetzt.) Darüber hinaus können Qualifizierungsmaßnahmen durchgeführt werden (vgl. Kapitel 10).

Aufgrund der in der Arbeitsbesprechung getroffenen Absprachen, der Auftragsdaten und der Erfahrungen entnimmt das Produktionsteam, das aus Angelernten und Technikern besteht, nach interner Beratung nach Bedarf Aufträge aus der Auftragsliste von

Puffer 1. Dabei werden Großaufträge ggf. in mehrere Werkstattaufträge zerlegt und diese zusammen mit Klein-, 0- und Musterserien in einer geeigneten Reihenfolge zusammengestellt und bearbeitet.

In der Regel wechseln die Angelernten der Druckerei die Arbeitsplätze an den Druckern und am Trimmlaser gemäß eines wöchentlichen Rotationsschemas, das festlegt, wer wann für welche Maschine bzw. Aufgabe zuständig ist. Dabei führen sie - soweit möglich - alle an der Maschine anfallenden Tätigkeiten von der Vorbereitung und Einstellung bis zur Kontrolle selbständig aus. Nur in schweren Problemfällen und bei der Reparatur werden Techniker hinzugezogen, wobei die Angelernte in der Regel mitarbeitet und dabei lernt. Die Techniker sind darüber hinaus für Entwicklungsprojekte und Qualifizierung zuständig.

Die Druckerei produziert in den Puffer 2. Bereits bei Produktionsbeginn wird der Auftrag mit den Planungsdaten und dem Datum der voraussichtlichen Einlagerung in Puffer 2 in dessen Auftragsliste aufgenommen, so daß die Bestückerei eine umfassende Planungsbasis erhält. Die Auftragsliste in Puffer 2 wird laufend aktualisiert. Vor der Einlagerung wird der Dickschichtdruck optisch kontrolliert und im Trimmlaser einer Funktionsprüfung unterzogen. Damit werden in Puffer 2 Substrate einer definierten Qualität bereitgestellt.

Anhand der in Puffer 2 vorhandenen Aufträge und Planungsdaten stellt die Bestückerei ihr Arbeitsprogramm zusammen. Da der Lotdruck noch zur Druckerei gehört, werden für diesen Fertigungsschritt allgemeine Regeln und Kooperationen zwischen den Fertigungsteams vereinbart und direkte Absprachen zwischen den jeweils zuständigen Angelernten der beiden Fertigungsteams getroffen. Die Initiative geht dabei nach dem Holprinzip von der Bestückerei aus, auf die sich die Druckerei flexibel einstellen muß. Den zuständigen Ansprechpartner der Druckerei entnimmt die Angelernte der Bestückerei dem Rotationsschema für den Arbeitsplatzwechsel in der Druckerei.

Auch in der Bestückerei, der ebenfalls Techniker und Angelernte angehören, wird nach einem wöchentlichen Rotationsschema im halbtägigem Wechsel gearbeitet. Die Techniker stehen den Angelernten auf Anfrage bei nicht allein lösbaren Problemen zur Verfügung. Darüber hinaus sind sie für Entwicklungsprojekte, Qualifizierung und Reparaturen zuständig.

Die Bestückerei produziert in einen Puffer 4, in dem die Fertigprodukte bis zum Versand gelagert werden können. Bereits bei Entnahme des Auftrags aus Puffer 2 wird hier ein Vermerk für die voraussichtliche Fertigstellung abgelegt. Zur Entkopplung der Abläufe und Splitten von Großaufträgen nutzt die Bestückerei ggf. den zusätzlichen Puffer 3.

7.3 Umsetzung und Weiterentwicklung des Konzeptes

Aufgrund der Anwendung des Konzeptes "Offener Suchprozeß" ist eine zeitliche Trennung zwischen Entwicklung und Umsetzung, wie sie bei traditionellen Entwicklungskonzepten häufig anzutreffen ist, nicht möglich und nicht wünschenswert (vgl. Kapitel 14). Das o.g. Organisationskonzept ist bereits ein Zwischenergebnis des Suchprozesses zur Organisationsentwicklung, bei dem parallel bereits durch Versuche und Probeläufe Realisierungschancen und Leistungsfähigkeit des Konzeptes ausgelotet wurden. Diese Versuche und Erprobungen haben bereits zu Veränderungen geführt, z.B. zu Weiterentwicklung von Qualifikationen, Veränderung des Selbstverständnisses der Betroffenen. Im Verlauf des Umsetzungsprozesses wurden weitere Konkretisierungen und Veränderungen des entwickelten Konzeptes vorgenommen.

Die anfangs postulierte Unmöglichkeit der Entkopplung bestimmter Fertigungsschritte und damit einer Unterbrechung des Fertigungsablaufs wurde durch Versuche überprüft. Dabei wurden konkrete Erfahrungswerte für Zwischenlagerungen nach verschiedenen Fertigungsschritten ausgelotet. Dadurch konnte die Prozeßsicherheit gesteigert und durch Entkopplung eine größere Produktionsflexibilität erreicht werden.

Bei der sequentiellen Bearbeitung der Fertigungsschritte in der Druckerei erwies sich die optische Kontrolle aller Substrate (100 %) als Produktionsengpaß. Diese Fertigungsablauforganisation wurde als wesentliche Ursache für lange Durchlaufzeiten und späte Fehlererkennung ermittelt. Die Beschäftigten der Druckerei entwickelten daraufhin folgendes Verfahren und erprobten es mit Erfolg:

- o Sobald die ersten Substrate nach dem Drucken und Einbrennen den Einbrennofen verlassen, beginnt die zuständige Mitarbeiterin mit der optischen Kontrolle. Dabei können Fehler und Produktionsmängel (z.B. ein schlechter Ofenstatus) so früh wie möglich erkannt und korrigiert werden.
- o Die Angelernte kontrolliert ein oder mehrere Magazine vollständig und versieht sie mit einer entsprechenden Kennzeichnung.
- o Da erfahrungsgemäß der einmal eingestellte Prozeß sehr stabil bleibt, kann davon ausgegangen werden, daß die noch nicht kontrollierten Substrate die gleiche Qualität haben wie die bereits kontrollierten. Noch während der optischen Kontrolle kann deshalb der Druck der nächsten Schicht mit dem noch nicht kontrollierten Teil des Auftrags beginnen. Dieser wird dann nach dem gleichen Schema direkt nach dem Einbrennen optisch kontrolliert.
- o Der Auftrag wird in solche Abschnitte der optischen Kontrolle unterteilt, daß nach dem letzten Druck alle Substrate mindestens einmal optisch kontrolliert sind.

Mit diesem Verfahren konnte der Fertigungsablauf deutlich beschleunigt, die Fehlerproduktion gesenkt und ein hohes Qualitätsniveau erreicht werden. Die Belastungen verringerten sich damit durch die Reduzierung der bei der optischen Kontrolle erforderlichen Mikroskoparbeit deutlich (vgl. Kapitel 7.4).

In der Druckerei wurden auch Modelle für den Arbeitsplatzwechsel erprobt. Zunächst erstellten die Mitarbeiter gemeinsam für jede Woche einen Rotationsplan mit halbtägigem Arbeitsplatzwechsel zwischen den beiden Druckern und dem Trimmlaser. Nach diesem Rotationsplan wurde gefertigt. Wenn gerade keine Aufträge für einen bestimmten Fertigungsschritt vorhanden waren, führte die zuständige Mitarbeiterin weitere Tätigkeiten wie optische Kontrolle, Reinigung, Siebeerstellung, Übungen zur Qualifizierung durch. Bei der Erprobung der Arbeitsplatzrotation sind folgende Probleme aufgetreten:

- o Bei der Übergabe zum Zeitpunkt des Arbeitsplatzwechsels traten insbesondere am Dickschichtdrucker und bei der Fertigung vieler Kleinaufträge Informationsdefizite auf, die zu Orientierungsproblemen und Fehlern führten.
- o Die Magazine mit den bedruckten Substraten waren nicht gekennzeichnet, so daß Verwechslungen auftraten.
- o Auch an den Sieben fehlte eine Kennzeichnung bzw. diese war beim Reinigen der Siebe verloren gegangen. Dies führte häufig zu zeitraubender Suche und Rückfragen.
- o Die Qualität und Prozeßsicherheit nahm aufgrund mangelnder Qualifikation ungeübter Angelernter und organisatorischer Schwierigkeiten (s.u.) zunächst deutlich ab.

Die Arbeitsgruppe "Organisation" erarbeitete daraufhin Ansätze zur Beseitigung dieser Probleme. Dabei konnten insbesondere die Mitarbeiter der Bestückerei ihre Erfahrungen einbringen und zur Entwicklung konkreter Lösungsvorschläge und deren Umsetzung beitragen (z.B. Einrichtung eines definierten internen Zwischenlagers, Kennzeichnungsverfahren für Magazine und Siebe, Dokumentation des Produktionsstands, Führen eines Übergabegesprächs).

Im weiteren Verlauf des Entwicklungsprozesses wurde auch das Rotationsverfahren selbst weiterentwickelt. Die komplizierte Rotationsliste wurde durch ein dauerhaft gültiges Wochenschema ersetzt. Bewährt hat sich eine flexible Handhabung der Rotation, so daß in gegenseitiger Absprache auch Verschiebungen möglich sind.

Techniker, Angelernte und der Leiter der Druckerei äußerten bei einer anschließenden Befragung große Zufriedenheit mit dem entwickelten Verfahren zum Arbeitsplatzwechsel. Auch Produktqualität und Prozeßsicherheit konnten erwartungsgemäß wieder deutlich gesteigert und auf hohem Niveau stabilisiert werden.

Erprobungen fanden auch zur integrierten Qualifizierung am Arbeitsplatz statt. Das Ziel war, alle Angelernten einerseits zur Bedienung aller Maschinen in der Arbeitsplatzrotation zu befähigen (horizontale Qualifikationsentwicklung) und andererseits schrittweise für die selbständige Bewältigung der Durchführung vorbereitender, programmierender, einrichtender und prozeßlenkender Tätigkeiten zu qualifizieren (vertikale Qualifikationsentwicklung).

In der Druckerei orientierte sich die Durchführung dieser Qualifizierungsmaßnahmen an der Arbeitsplatzrotation. War z.B. der Trimmlaser einzurichten, so führte dies ein Techniker mit der nach dem Rotationsschema zuständigen Angelernten durch mit dem Ziel, daß die Angelernte diese Tätigkeit nach einigen Wiederholungen selbständig ausführen konnte.

7.4 Bewertung des Stands des Entwicklungs- und Umsetzungsprozesses

Der Prozeß der Organisationsentwicklung und -umsetzung insgesamt ist mit dem Auslaufen des A&T-Projekts nicht abgeschlossen. Ziel des A&T-Projekts war nicht das Erreichen eines bestimmten Grades der Organisationsentwicklung, sondern die Befähigung der Hybridgruppe zur selbständigen dauerhaften Weiterführung des Prozesses der Organisationsentwicklung. An dieser Stelle soll aber eine Bewertung des erreichten Zwischenstands vor Abschluß des Projekts vorgenommen werden.

Um den Stand der Prozesse in seiner Komplexität und unter Berücksichtigung der Störeinflüsse (wie z.B. Konjunkturschwankungen) angemessen analysieren zu können, wäre ein im Rahmen des A&T-Projekts unangemessen aufwendiges Instrumentarium erforderlich gewesen. Darüber hinaus waren beim Einsatz sozialwissenschaftlicher Erhebungsverfahren aufgrund der relativ geringen Fallzahl Probleme der Anonymisierung und der statistischen Repräsentativität quantitativer Ergebnisse zu erwarten.

Es wurde deshalb auf ein vereinfachtes Instrumentarium in Form eines begrenzten Fragebogens mit offenen und geschlossenen Fragen zurückgegriffen und auf eine quantitative Ergebnisdarstellung weitgehend verzichtet. Die Ergebnisse der Befragung bildeten vielmehr die Basis für weitere qualitative Erhebungen in Gruppendiskussionen und Leitfadengesprächen zu einzelnen Themen.

Insbesondere bei der Umsetzung des entwickelten Konzepts der qualifizierten Gruppenarbeit wurde schrittweise vorgegangen. Versuche und Probeläufe fanden zunächst schwerpunktmäßig in der Druckerei und erst später auch in der Bestückerei Anwendung.

Die Befragungen, Diskussionen und Leitfadengespräche fanden im letzten Drittel der Projektlaufzeit statt. Ziel dieser frühzeitigen Prozeßbewertung war es auch, die Effekte des Entwicklungsprozesses in der Druckerei zu ermitteln, für alle Beteiligten nachvollziehbar zu machen und damit die anlaufenden Umsetzungsprozesse in der Bestückerei zu fördern. Eine Abschlußerhebung in der Bestückerei kam nicht mehr zur Durchführung, so daß der erreichte Stand hier nicht in vergleichbarer Form dargestellt werden kann.

Ziel des Suchprozesses in diesem A&T-Projekt war die Verbesserung und Erhaltung betriebswirtschaftlicher Leistungsfähigkeit der Hybridgruppe (hohe Flexibilität, kurze

Durchlaufzeiten usw.) und insbesondere das Erreichen humaner Arbeitsbedingungen und die Reduzierung der Belastungen und Beanspruchungen durch die Arbeit.

In der Vorphase zu diesem Projekt waren Belastungen und sich daraus für die Beschäftigten ergebende Beanspruchungen[4] an verschiedenen Arbeitsplätzen ermittelt worden (vgl. Kapitel 5.1 und 5.2.1). Neben den Gefahrstoffbelastungen (vgl. Kapitel 13) waren insbesondere bei der an den meisten Arbeitsplätzen erforderlichen Mikroskoparbeit[5] Beanspruchungen der Beschäftigten durch Zwangshaltungen, hohe Augenbelastungen, hohe Konzentrationsanforderungen und Monotonie festzustellen.

Der Versuch, auf technischem Wege (Ersatz des Mikroskops durch ein optisches System mit vergrößerter Bildschirmanzeige und einem Bildvergleichssystem) eine Belastungsreduzierung zu erreichen, führte nicht zu befriedigenden Ergebnissen. Neben den verschiedenen Problemen der technischen Realisierung entsprach die Bildschirmdarstellung nicht den ermittelten Erfordernissen zur Substratkontrolle durch die Beschäftigten. Zum einen war die für die Fehlererkennung wichtige und bei der Verwendung von Stereomikroskopen vorhandene räumliche Darstellung nicht gegeben, zum anderen traten Farbverschiebungen und Unschärfen auf. Da im Rahmen des Projekts auch das Bildvergleichssystem, das die Substrate mit Hilfe von Mustersubstraten selbständig prüfen und damit die optische Kontrolle durch Menschen ersetzen sollte, nicht so weit entwickelt werden konnte, daß damit die erforderliche Qualität erreichbar gewesen wäre, traten neue Belastungen durch Bildschirmarbeit auf.

Ein alternativer Ansatz zur Reduzierung von Belastungen und Beanspruchungen stellen die in diesem Kapitel dargestellten Gestaltungsprozesse zur Arbeitsorganisation dar.

Es ist nun zu untersuchen, wie weit es gelungen ist, durch diese arbeitsorganisatorischen Maßnahmen tatsächlich Belastungs- und Beanspruchungsreduzierungen zu erreichen und welche Risiken (z.B. Belastungsverschiebungen) damit verbunden sind. Hierbei können zunächst die vier Gestaltungsformen der qualifizierten Produktionsarbeit unterschieden werden:

- Arbeitsplatzwechsel
- Arbeitserweiterung
- Arbeitsbereicherung
- Gruppenarbeit

---

4 *"Unter Beanspruchung wird die Gesamtheit aller Auswirkungen von Belastungen beim Menschen in Abhängigkeit von seinen persönlichen Arbeitsvoraussetzungen verstanden."* (KAUFMANN, PORNSCHLEGEL, UDRIS 1982, Bd. 5, Teil 1, S. 21)

5 Betroffen sind die Arbeitsgänge Drucken, SMD- und IC-Bestücken, Bonden, Verkapseln und optisch Kontrollieren.

Aus der Fachliteratur ist bekannt, daß die Belastungen bei der Mikroskoparbeit (und auch beim Umgang mit zahlreichen Gefahrstoffen) mit der ununterbrochenen Dauer der Tätigkeit ansteigen.[6] Es kann deshalb gefolgert werden, daß eine häufige, längere Unterbrechung und Verkürzung der Mikroskoparbeit durch regelmäßige Arbeitsplatzwechsel, wie sie im Rahmen dieses Projekts entwickelt wurden, auch zu einer wirksamen Belastungsreduzierung, aber vor allem zu einer Beanspruchungsreduzierung durch Mikroskoparbeit führt.

Die Arbeitsplatzrotation war zwangsläufig mit einer Erweiterung der Arbeitsinhalte (job enlargement) um die in die Rotation einbezogenen ausführenden Tätigkeiten und damit mit einer Reduzierung der horizontalen Arbeitsteilung verbunden. Dies erforderte eine individuelle Qualifizierung insbesondere der weniger erfahrenen Angelernten an allen in die Rotation einbezogenen Arbeitsplätzen für die Tätigkeiten, die bisher von ihnen noch nicht beherrscht wurden (vgl. Kapitel 10).

In der Befragung äußerten die betroffenen Angelernten große Zufriedenheit mit der Einführung der Rotation. Der Frage, ob ihre Arbeit innerhalb des letzten Jahres interessanter geworden sei, stimmten insbesondere die weniger erfahrenen Angelernten zu, die bisher besonders häufig und langandauernd Mikroskoparbeit durchführten.

Um die Flexibilität und die Prozeßsicherheit zu erhöhen sowie ganzheitlichere Arbeitsinhalte und eine größere Selbständigkeit der Angelernten zu erreichen, wurden (und werden weiterhin) schrittweise und individuell angepaßt auch vorbereitende, programmierende und einrichtende Tätigkeiten in das Arbeitsspektrum der Angelernten integriert. Auch hier mußte die fachliche und methodische Entwicklung der Qualifikation vorausgehen.

Die Befragungsergebnisse zeigten auch hier erste Erfolge. War zu Beginn des Projekts im Produktionsteam 1 nur **eine** Angelernte in der Lage, an **einer** Maschine begrenzte Einrichttätigkeiten durchzuführen, so waren zum Befragungszeitpunkt bis auf eine im Produktionsteam 1 erst kurzfristig Beschäftigte **alle** Angelernten bis zu einem gewissen Grad[7] zur Durchführung aller vorbereitenden, ausführenden und kontrollierenden Tätigkeiten an **allen** Maschinen des Produktionsteams 1 fähig und führten diese Tätigkeiten auch regelmäßig aus.

---

[6] *"..., dennoch wird die Beanspruchung im Vergleich zu anderen Arbeitsplätzen wegen der grundsätzlich hohen Anforderungen im Grenzbereich der sensorischen Fähigkeiten des Benutzers immer hoch bleiben. Die Arbeit (an optischen Hilfsmitteln wie Mikroskopen oder Lupen - d.A.) kann deshalb nicht als Dauerarbeit durchgeführt werden, sondern muß durch häufige Pausen unterbrochen werden. ... Eine einstündige ununterbrochene Tätigkeit mit einem optischen Hilfsmittel dürfte nach den vorliegenden Erhebungen zum Bewegungsraum die oberste Grenze sein."* (CONRADY, KRUEGER, ZÜLCH 1987, S. 280)

[7] Bei einigen vorbereitenden Tätigkeiten am Trimmlaser, die wie das Programmieren ein sehr hohes Qualifikationsniveau erfordern, ist nicht zu erwarten, daß alle Angelernten die selbständige Durchführung dieser Tätigkeiten erlernen. Das Ziel ist hier nicht, daß Angelernte selbständig Programme für den Trimmvorgang erstellen, sondern ein sicherer Umgang mit vorhandenen Programmen und ggf. das Vornehmen von Änderungen.

Schließlich wurden Formen der Gruppenarbeit entwickelt und erprobt. Insbesondere bei der aktiven Beteiligung an der Arbeitsplanung und Produktionssteuerung war hierbei zum Zeitpunkt der Erhebungen die Druckerei gegenüber der Bestückerei deutlich weiter fortgeschritten. Während im Produktionsteam 1 über die Rotation hinaus bereits gemeinsame Überlegungen und konkrete Absprachen zwischen allen Beteiligten stattfanden, lag die Planung und Steuerung der Produktion im Produktionsteam 2 noch weitgehend bei einem Techniker.

Mit Hilfe eines Vergleichs der Bewertungsergebnisse zwischen Produktionsteam 1 und Produktionsteam 2 kann dieser unterschiedliche Entwicklungsstand der beiden Produktionsteams bezüglich der Formen der Arbeitsorganisation und Zusammenarbeit dokumentiert werden. In der Schlußbefragung wurden die Angelernten der Produktionsteams 1 und 2 deshalb mit denselben Aussagen zu Arbeitsverteilung und Zusammenarbeit konfrontiert.

Übersicht 7.2 zeigt zusammenfassend Zustimmung bzw. Ablehnung zu den links angegebenen Aussagen, wobei die Beurteilung im Produktionsteam 1 deutlich einheitlicher ausfiel als im Produktionsteam 2. Die Angelernten des Produktionsteams 1 bewerteten ihre Form der Arbeitsverteilung und der Zusammenarbeit deutlich positiver als die Angelernten des Produktionsteams 2 die Art und Weise, wie in ihrem Produktionsteam Arbeitsverteilung und Zusammenarbeit stattfanden.

Übersicht 7.2: Beurteilung der Arbeitsteilungsverfahren und Zusammenarbeit in den beiden Produktionsteams der Hybridgruppe im Vergleich durch die Beschäftigten

Befragung der Angelernten	Produktionsteam 1	Produktionsteam 2
Die Arbeitsverteilung ist gerecht.	stimme zu[1]	stimme nicht zu[3]
Ich kann bei der Verteilung der Arbeit mitentscheiden.	teils, teils[2]	stimme nicht zu[3]
Die Zusammenarbeit unter den Angelernten ist gut.	stimme zu[1]	stimme nicht zu[3]
Die Zusammenarbeit mit den Technikern und Vorgesetzten ist gut.	stimme zu[1]	stimme eher nicht zu

Den Aussagen konnte in der Befragung voll, eher, eher nicht oder überhaupt nicht zugestimmt werden.

[1] Entspricht einem Mittelwert zwischen "stimme voll zu" und "stimme eher zu".

[2] Entspricht einem Mittelwert zwischen "stimme eher zu" und "stimme eher nicht zu".

[3] Entspricht einem Mittelwert zwischen "stimme eher nicht zu" und "stimme überhaupt nicht zu".

Hieraus erklärt sich auch die unterschiedliche Beurteilung der Gesamtentwicklung der Arbeit im Laufe des Projekts. Auf die Frage, ob die Arbeit im Laufe des letzten Jahres interessanter geworden ist, stimmten die Angelernten des Produktionsteams 1 eher zu, die des Produktionsteams 2 stimmten überhaupt nicht zu, die Techniker des Produktionsteams 2 stimmten voll zu, die des Produktionsteams 1 stimmten nicht zu.

Diese Beurteilung der Gesamtentwicklung der Arbeit korrespondiert stark mit den unterschiedlichen Möglichkeiten der Beteiligung an den Entwicklungsprozessen des Projekts. Während im Produktionsteam 1 insbesondere auch die Angelernten in die Entwicklungen und Erprobungen einbezogen und direkte Auswirkungen auf ihren Arbeitsalltag sichtbar waren, bezog sich die Projektmitarbeit im Produktionsteam 2 schwerpunktmäßig auf die Techniker, die u.a. an der Entwicklung und Erprobung des Simulationswerkzeugs (Kapitel 9) und der Durchführung von Qualifizierungsmaßnahmen (Kapitel 10) aktiv mitgewirkt haben. An der Arbeitsrealität der Angelernten des Produktionsteams 2 waren dagegen zum Erhebungszeitpunkt nur wenige für die Angelernten erfahrbaren Veränderungen eingetreten.

Der insgesamt positiven Beurteilung des erreichten Zwischenstands der Entwicklungen stehen aber auch Risiken gegenüber. So können im Zuge der Entwicklungen neue Belastungen auftreten oder bisher auf niedrigem Niveau vorhandene Belastungen verstärkt werden, so daß es zu Belastungsverschiebungen kommen kann. Bei ungünstigen Belastungskonstellationen kann ggf. sogar eine erhöhte Beanspruchung der Mitarbeiter auftreten.

In der Hybridgruppe kann zwar einerseits eine deutliche Verringerung von Belastungen durch Abbau von Monotonie und Zwangshaltung, Möglichkeiten der Einflußnahme auf die eigene Arbeitsgestaltung und Überschaubarkeit der eigenen Arbeit erreicht werden. Andererseits erhöhen sich gleichzeitig die Anforderungen an die Angelernten.

- Alle **ausführenden Tätigkeiten** (job enlargement), die eine Angelernte durchführt, müssen beherrscht sein. Nimmt die Zahl der Tätigkeiten zu, steigen auch die Anforderungen.
- Durch die **Rotation** (job rotation) muß jeder seine Arbeit so gestalten, daß zu einem festgelegten Zeitpunkt der Arbeitsplatzwechsel stattfinden kann. Man muß sich nach jedem Wechsel flexibel auf die neue Aufgabe einstellen.
- **Vorbereitende, einrichtende Tätigkeiten** (job enrichment) bringen eine neue Qualität von Anforderungen. Durch einen Einstellfehler kann eine ganze Charge zu Ausschuß werden. Während des Rüst- und Einstellvorgangs findet keine Produktion statt. Früher lag die Verantwortung für diese Tätigkeiten bei den Technikern und den Leitern der Fertigungsabschnitte, geht jetzt aber z.T. auf die Angelernten über.
- **Gruppenarbeit** erfordert die intensive Kooperation mit allen Gruppenmitgliedern einschließlich aller Schwierigkeiten und Anforderungen der sozialen Interaktion. Für die gemeinsame und selbständige Planung und Steuerung der Arbeit müssen Optimierungsstrategien und Methoden der Konsensbildung erlernt werden.

Hier wird bereits deutlich, daß Entwicklungsprozesse der Arbeitsgestaltung nicht eindimensional auf die Organisationsentwicklung beschränkt durchgeführt werden können. Vielmehr sind in einem schrittweisen iterativen Vorgehen alle in Abbildung 7.9 genannten Gestaltungsdimensionen weiterzuentwickeln und aneinander anzupassen. Der Gestaltungsprozeß muß sich gewissermaßen auf konzentrischen Kreisen, die alle Gestaltungsdimensionen erfassen, weiterentwickeln.

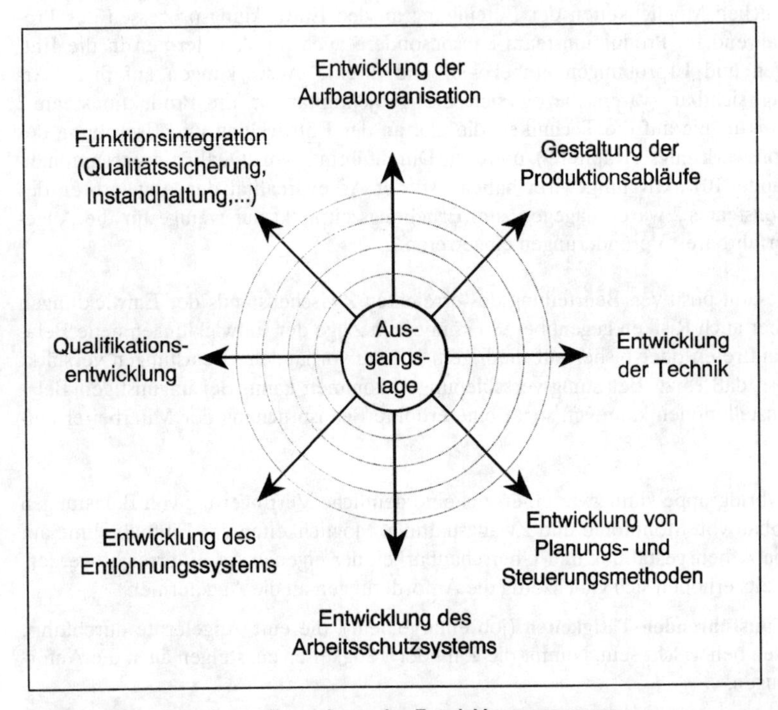

Abbildung 7.9: Gestaltungsdimensionen des Entwicklungsprozesses

Eine Nichtbeachtung oder Vernachlässigung einzelner Gestaltungsdimensionen, wie es bei vielen Einführungsprojekten neuer Technik oder/und neuer Arbeitsstrukturen geschieht, behindert den Entwicklungsprozeß im weiteren Verlauf nachhaltig und erfordert aufwendige Nachbesserungen, mit denen aber eine nachträgliche Gesamtoptimierung des Arbeitssystems häufig nicht mehr erreicht werden kann.

Das wird am Beispiel der Gestaltungsdimensionen "Qualifikationsentwicklung" und "Entwicklung des Entlohnungssystems" deutlich. Werden die o.g. fachlichen, methodischen und sozialen Anforderungen an alle Beschäftigten durch Vernachlässigung der Qualifikationsentwicklung nicht sicher beherrscht, führen sie zu Überforderung und werden als Verantwortungs- und Zeitdruck erlebt. In der Folge nimmt die Bereitschaft ab, weitere Tätigkeiten zu erlernen und auszuführen und dafür die Verantwortung zu übernehmen.

So beklagten sich zu Beginn der Umsetzungsphase einige Angelernte über - wenn auch auf niedrigem Niveau - leicht gestiegene Belastungen durch größere Verantwortung und höheren Zeitdruck.[8] Dieses Warnzeichen zeigte, daß weitere Anstrengungen zur Qualifikationsentwicklung erforderlich waren.

Andererseits besteht ein enger Zusammenhang zwischen der Bereitschaft zur Qualifikationsentwicklung und dem Entlohnungssystem. Das bisherige Entlohnungssystem entspricht nicht mehr dem Entwicklungsstand in der Hybridgruppe. Bereits mehrfach ist hier angeklungen, daß insbesondere die Angelernten sich ungerecht eingestuft fühlen.

"Ich sehe keine Vorteile darin, daß ich noch zusätzliche Arbeiten erlerne, da ich auch nicht für mehr 'Wissen' besser bezahlt werde." (Aussage einer Angelernten)

Darunter leiden Engagement, Motivation und Bereitschaft zu fortgesetzter Qualifikationsentwicklung. Gerade in einer heterogenen Gruppenstruktur sind diese Eigenschaften aber wichtige Faktoren für die Leistungsfähigkeit des Produktionsteams.

Bei den Diskussionen und Gesprächen sind auch erste betriebswirtschaftliche Effekte der Neugestaltung deutlich geworden, die aber zum Erhebungszeitpunkt wegen des dynamischen Entwicklungsprozesses und fehlender Datenbasis noch nicht objektiviert werden konnten.

Durch die flexible Integration der Servicefunktionen in die Produktionsteams war die Systemverfügbarkeit deutlich höher. Vorbeugende Instandhaltung kann jetzt durch die Techniker in Zusammenarbeit mit den Angelernten geplant und durchgeführt werden. Die breite Qualifikation erhöht Personalverfügbarkeit und -einsatzmöglichkeiten. Damit konnten auch die Handlungsspielräume in den Produktionsteams erweitert werden.

Die Flexibilität konnte u.a. durch die Fertigung nach dem Modell "Produktmix" weiter erhöht werden. Die Integration der Entwicklung und der Musterproduktion in den Produktionsablauf erspart zum einen besonders qualifiziertes Entwicklungspersonal, zum anderen fördert der Informationsaustausch zwischen Produktion und Entwicklung sowohl die Prozeßsicherheit der Produktion als auch die Berücksichtigung praktischer Erfahrungen bei der Entwicklung. Die Produktqualität konnte auf hohem Niveau stabilisiert werden, was auch der rückläufige Aufwand für Nacharbeiten verdeutlicht.

---

[8] Die Verantwortung wird von allen Angelernten hoch, der Zeitdruck niedrig eingestuft. Die damit verbundenen Belastungen empfinden die meisten gering bis sehr gering, wenn sie auch im Einzelfall gegenüber der Befragung zu Projektbeginn leicht angestiegen sind.

8 Produktionsplanung und -steuerung (PPS) bei qualifizierter Gruppenarbeit in der Hybridgruppe mit Integration eines Simulationsprogramms als Planungshilfsmittel

8.1 Rahmenbedingungen und Einbindung des Entwicklungs- und Umsetzungsprozesses

Die Planung und Steuerung einer High-Tech-Fertigung, wie sie in der Hybridgruppe vorhanden ist, stellt eine komplexe Aufgabe dar. Dabei müssen folgende Ziele berücksichtigt werden:

- o Erreichen einer hohen Produktqualität
- o Einhalten von Lieferterminen
- o Erreichen einer günstigen Kapazitätsauslastung
- o Erhalten von Handlungsspielräumen (z.B. hohe Flexibilität zum Ausregeln von Störungen)
- o Reduzieren der Durchlaufzeiten
- o Minimieren von Belastungen und Beanspruchungen für die Mitarbeiter
- o Berücksichtigen der Qualifikation und Qualifikationsentwicklung der Mitarbeiter

Diese Zielgrößen stehen z.T. in Konkurrenzbeziehungen zueinander und bilden ein komplexes Zielsystem (Abbildung 8.1). Die Gewichtung der einzelnen Ziele kann sich aufgrund veränderter Rahmenbedingungen verschieben (vgl. auch Kapitel 7.2).

Die Planung und Steuerung der Produktion erfordert die Gesamtoptimierung dieses Zielsystems unter den wechselnden Bedingungen von Personaleinsatz, Maschinen- und Materialverfügbarkeit, die Koordination der Arbeit innerhalb der und zwischen den Fertigungsbereichen und die Umsetzung in konkrete Arbeitsvorgaben.

Diese komplexe Aufgabe wurde in der Hybridgruppe traditionell aufgrund vorhandener Erfahrung zentral durch die Gruppenleitung oder eine für diese Aufgabe delegierte Person (Techniker, Vorarbeiterin) "im Kopf" und zur Begrenzung der Komplexität im wesentlichen nur tageweise durchgeführt. Dabei kann das komplexe Zielsystem jedoch nicht mehr vollständig berücksichtigt werden. In der Praxis kommt es zur Vernachlässigung wichtiger Kriterien, so daß das Ziel der Gesamtoptimierung verfehlt wird und spätere, unerwünschte Auswirkungen nicht erkannt werden. Die Folgen sind Zeitdruck, Qualitätseinbußen, Produktionsstörungen und Nichterfüllung zugesagter Liefertermine, wie sie bei den Analysen in der Vor- und Zwischenphase ermittelt wurden (vgl. Kapitel 5).

Es war deshalb die Entwicklung eines angepaßten Konzepts zur Produktionsplanung und -steuerung erforderlich.

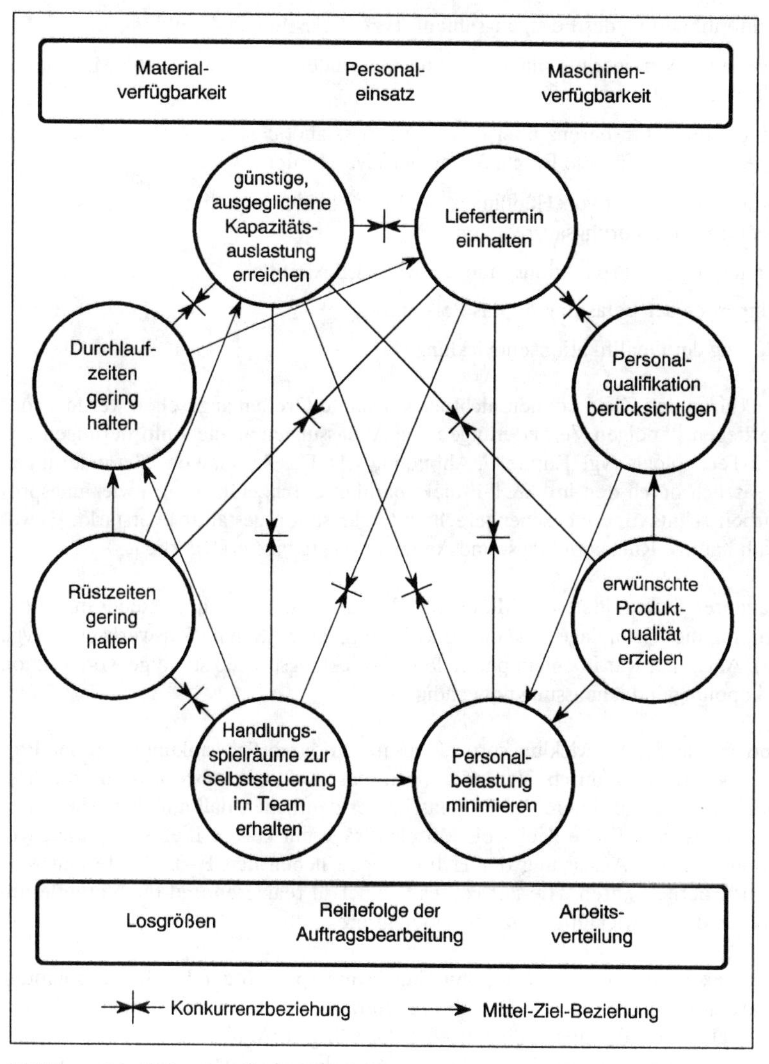

Abbildung 8.1: Zielsystem für die Produktionsplanung und -steuerung

Grundlage für dieses PPS-Konzept war das auf die Bedingungen der Hybridgruppe angepaßte Konzept der "Qualifizierten Produktionsarbeit", wie es in Kapitel 7 dargestellt ist. Das PPS-Konzept sollte die dort genannten Merkmale dieses Produktionskonzepts und folgende Ziele der Produktionsplanung und -steuerung unterstützen:

- o Gesamtoptimierung des Fertigungsablaufs (vgl. Zielsystem in Abbildung 8.1)
- o Weitgehende Verlagerung planender und steuernder Aufgaben auf die Mitarbeiter der Produktionsteams
- o Übersicht und Transparenz über den Fertigungsstand, die Auftragslage, Prioritäten und Restriktionen für alle Beschäftigten der Hybridgruppe
- o Schaffung und Erhalt von Handlungs- und Entscheidungsspielräumen für Auftragsbearbeitung und Störungsausregelung
- o Unterstützung der Produktions- und Innovationsflexibilität
- o Verringerung der Belastung für das Personal
- o Förderung der Qualifikationsentwicklung

Diese Strukturen und Ziele können nicht als konstante Größen angesehen werden, sondern unterliegen ständigen Veränderungen und Anpassungen an die Anforderungen von Markt und Technologie (vgl. Kapitel 7, Abbildung 7.1). Das Ausmaß der Veränderungen wurde zusätzlich durch den im A&T-Projekt parallel durchgeführten Entwicklungsprozeß zur arbeitsschutz- und menschengerechten Organisationsgestaltung verstärkt. Es waren deshalb häufige Rückkopplungs- und Anpassungsvorgänge erforderlich.

Auf der anderen Seite bildete das Modell zur Produktionsplanung und -steuerung in der Hybridgruppe die Grundlage für die Entwicklung eines Simulationswerkzeugs (vgl. Kapitel 9). Auch hier war in einem parallelen Entwicklungsprozeß ständige Kooperation zur Rückkopplung und Anpassung notwendig.

Überlagert wurde der Entwicklungsprozeß zusätzlich durch Schwankungen in der Produktionsauslastung und durch Veränderungen des Anforderungsprofils an die Hybridgruppe. So wurde im Laufe des Projekts immer deutlicher, daß auf dem Markt insbesondere kundenspezifische Klein- bis Mittelaufträge mit kurzen Lieferfristen nachgefragt werden, die zur Auslastung der Hybridgruppe neben den E–T–A-internen Mittelserien erforderlich waren. Hierauf galt es flexibel zu reagieren und die Veränderungen flexibel in die Entwicklungsprozesse zu integrieren.

Diese komplexen Anforderungen an den Entwicklungsprozeß zur Produktionsplanung und -steuerung waren nur mit Hilfe mehrerer Iterationsschleifen und ständiger Anpassung an die aktuellen Rahmenbedingungen zu bewältigen. Abbildung 8.2 zeigt schematisch diesen Optimierungsprozeß. Um das Ziel eines leistungsfähigen, menschengerechten Arbeitssystems zur Produktionsplanung und -steuerung zu erreichen, das auf die sich ständig verändernden Rahmenbedingungen flexibel reagieren kann, waren fünf Prozeßelemente erforderlich:

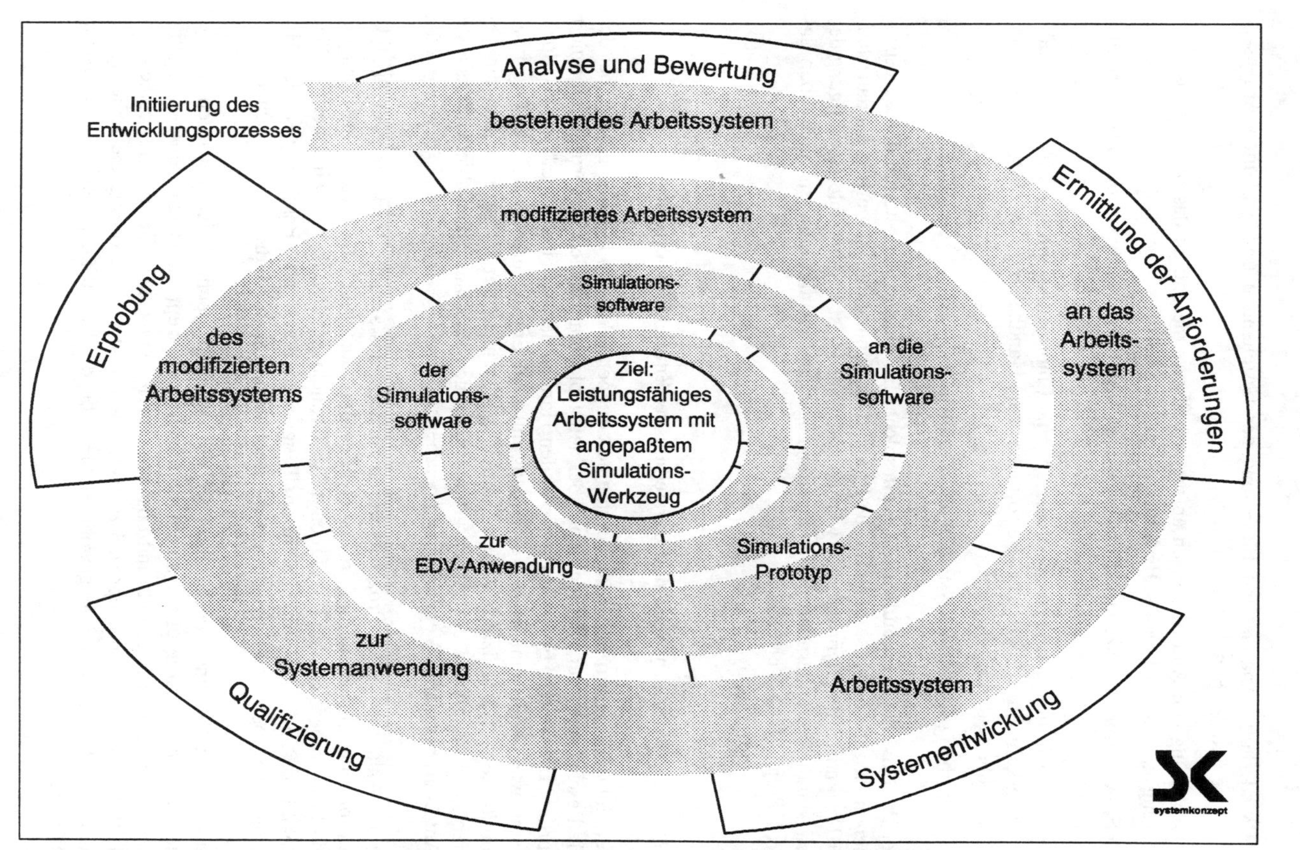

Abbildung 8.2: Entwicklungsprozeß "Produktionsplanung und -steuerung mit Hilfe eines Simulationswerkzeugs"

- o Wiederholte Analyse und Bewertung der bestehenden und geplanten Arbeitssysteme und der Simulationssoftware
- o Ableitung von Anforderungen an die Arbeitssysteme und an das Simulationswerkzeug aus der Analyse und Bewertung
- o Entwicklung von Szenarien und Modellen bzw. von Prototypen der Planungshilfsmittel
- o Qualifizierung der Prozeßbeteiligten zur Einbringung ihrer Fach- und Erfahrungskompetenz und der Betroffenen zur Handhabung der Systeme bei der Erprobung und Einführung
- o Erprobung von Modellsystemen und Prototypen

Der Projektverlauf verdeutlichte, daß ein solcher Entwicklungsprozeß mit den angesprochenen Prozeßelementen auch für die Produktionsplanung und -steuerung ein dauerhafter Bestandteil der Hybridgruppe werden muß. Nur so ist eine flexible Bewältigung der sich ständig verändernden Rahmenbedingungen und Anforderungen auch über das A&T-Projekt hinaus erreichbar.

8.2 Vorgehensweise und Darstellung des Entwicklungsprozesses

Der Entwicklungsprozeß wurde durch eine Gruppendiskussion in Gang gesetzt, bei der alle Beschäftigten der Hybridgruppe über den geplanten Entwicklungsprozeß informiert wurden. Die weitere Entwicklung lag in den Händen der Arbeitsgruppe "Organisation". Damit war bereits eine enge Verzahnung mit dem Entwicklungsprozeß des Organisationskonzepts "Qualifizierte Gruppenarbeit" gegeben. In der Folgezeit haben die betrieblichen Mitglieder der Arbeitsgruppe z.T. auch selbständig verschiedene Aspekte (Anforderungsprofile, Versuche usw.) bearbeitet.

In der Anlaufphase des Prozesses wurde zunächst das aktuelle Verfahren zur Produktionsplanung und -steuerung in der Hybridgruppe analysiert sowie Leistungsvermögen und Problembereiche herausgearbeitet. Als Grundlage hierzu dienten eine mehrwöchige Dokumentation aller durchgeführten Tätigkeiten durch alle Beschäftigten der Hybridgruppe, aber auch Befragungen und Beobachtungen durch die Begleitforscher.

Aus der Analyse und den Erfahrungen der Arbeitsgruppenmitglieder wurden parallel die Ziele und Anforderungen an ein modifiziertes Konzept der Produktionsplanung und -steuerung zusammengestellt und Lösungsszenarien entwickelt. Dabei oblag es den Begleitforschern, den Analyseprozeß zu moderieren und zu fördern und die Arbeitsgruppenmitglieder bei der z.T. ungewohnten Methodik der Entwicklung von Szenarien zu unterstützen.

Von Beginn des Entwicklungsprozesses an wurde auch die Entwicklung eines angepaßten Planungswerkzeugs in den Prozeß mit einbezogen. Zunächst wurden erste allgemeine Anforderungen an ein solches Werkzeug formuliert. Aus den Anforderungen und Szenarien zur Produktionsplanung und -steuerung konnten weitere Anforderungen abgeleitet werden. Im Laufe des Entwicklungsprozesses wurde der Anforderungskatalog ergänzt, konkretisiert und in einem "erweiterten, sozialen Pflichtenheft" zusammengestellt. Dieses Pflichtenheft behandelt ausführlich folgende Aspekte:

- o Allgemeine Ziele und Anforderungen an die Produktionsgruppe, insbesondere solche, die mit Hilfe der Produktionsplanung und -steuerung und der Simulation erreicht werden sollen
- o Struktur und Ablauf der Fertigung und die sich daraus für die Produktionsplanung und -steuerung und die Simulation ergebenden Anforderungen
- o Struktur der Arbeitsorganisation und die sich daraus für die Produktionsplanung und -steuerung und die Simulation ergebenden Anforderungen
- o Anforderungen an ein Simulationsprogramm als Hilfsmittel zur Produktionsplanung und -steuerung, die sich aus dem Konzept zur Disposition, Planung und Steuerung in Arbeitsgruppen unter Berücksichtigung von Handlungs- und Dispositionsspielräumen sowie Belastungsreduzierung bzw. -verteilung ergeben (z.B. Einsatzbedingungen und -möglichkeiten)
- o Anforderungen der Qualifizierung
- o Anforderungen an Vereinbarungen zu Gestaltung und Einsatz der Software (z.B. Betriebsvereinbarungen)
- o Konkrete Gestaltungsanforderungen an das Simulationsprogramm (z.B. zur Software-Ergonomie)

Die Anforderungen des "Erweiterten, sozialen Pflichtenhefts" dienten als Grundlage für die Software-Realisierung (vgl. Kapitel 9). Die gewissenhafte Beachtung der Anforderungen im gesamten Entwicklungsprozeß der Produktionsplanung und -steuerung und des Simulationsprogramms war für den Erfolg mitentscheidend.

Zur Unterstützung dieses kreativen Prozesses der Ermittlung von Anforderungen und Szenarien zur Produktionsplanung und -steuerung und zur Vorbereitung der Erprobung und Einführung des entwickelten Konzepts und des Planungswerkzeugs wurden von Seiten der Begleitforschung immer wieder geeignete Qualifizierungsbausteine eingebracht.

In Lehrgesprächen und Diskussionen wurden u.a. folgende Themen behandelt:

- o Einführung in die Produktionsplanung und -steuerung:
  Was ist Planung? Was ist Steuerung?
- o Was ist und was kann Simulation?
- o Was ist ein "erweitertes, soziales Pflichtenheft"?
  Was muß ein solches Pflichenheft enthalten?

- Wie können Simulationsergebnisse bewertet werden? Welche Bewertungskriterien gibt es hierfür?
- Wie können das entwickelte Planungskonzept und die Simulation als Planungshilfsmittel erprobt werden?

Für die Beteiligung der Beschäftigten an der Produktionsplanung und -steuerung sind darüber hinaus Kenntnisse zu den Produkten, Bauteilen, Anlagen und Verfahren erforderlich, die in weiteren Qualifizierungsbausteinen vermittelt wurden (siehe Qualifizierungskonzept Kapitel 10).

Zum Heranführen an den Umgang mit PC's, die insbesondere für die Handhabung der Simulation, der Qualitätssicherung und der Steuerung verschiedener Produktionsanlagen erforderlich ist, wurden von erfahrenen Technikern Einweisungen für alle Angelernten und Techniker durchgeführt. Des weiteren bestand die Möglichkeit, daß sich jeder Mitarbeiter jede Woche mindestens einmal spielerisch mit dem PC beschäftigen konnte.

Die Durchführung von Planspielen ermöglichte den Arbeitsgruppenmitgliedern einen leichteren Zugang zu den entwickelten Szenarien. Ausgehend von Einstiegsszenarien wurden die Konzeptideen durchgespielt. Diese Planspiele dienten auch dazu, den Beschäftigten die Arbeitsweise eines Simulationsprogramms nahe zu bringen und sind damit ein wichtiger Beitrag zur Entwicklung methodischer Kompetenzen. Dabei wurden verschiedene Techniken eingesetzt:

- Mit Hilfe von Wandzeitungen wurde ein einfacher Planungsprozeß mit fünf Schaltungen durchgespielt und das Ergebnis auf einem zweiwöchigen Gantt Chart durch Aufkleben von Pappstreifen, die die einzelnen Arbeitsschritte darstellten, abgebildet. Als Ausgangspunkt diente der aktuelle Produktionsstand. Nach Ablauf der zwei Wochen wurde der an der Wandzeitung geplante Produktionsablauf mit der tatsächlich durchgeführten Produktion verglichen und Ursachen für Abweichungen diskutiert.
- An einem Steckbrett, das als Gantt-Chart-Darstellung diente, wurden verschiedene Planungsvarianten dargestellt und die Ergebnisse verglichen.
- Am Steckbrett wurden - ausgehend von einer Standardplanung, die den aktuellen Produktionsstand und die Produktionsplanung für die nächsten zwei Wochen wiedergab - verschiedene Szenarien wie "Dringender Kundenauftrag" oder "Maschinenausfall" durchgespielt, die eine Anpassung der Planung an die neue Lage verlangten.
- Mit dem Vorliegen eines Prototyps der Simulationssoftware fanden weitere Planspiele am Rechner statt.

Die Planspiele wurden von den Mitgliedern der Arbeitsgruppe, d.h. Technikern und Angelernten gemeinsam und weitgehend selbständig durchgeführt. Gemeinsam mit Gruppenübungen zur Zusammenarbeit und gemeinsamen Problemlösung konnten damit die Sozialkompetenzen der Beschäftigten erweitert und hierarchische Rollenbilder abgebaut werden (vgl. Kapitel 10).

Ein für die Motivation der Beschäftigten und die Akzeptanz des Prozesses wichtiges Element stellten die offenen Diskussionsrunden dar. Hier konnten Ängste, Bedenken und Probleme, die mit der geplanten Umgestaltung der Arbeitssysteme verbunden sind, angesprochen, diskutiert und z.T. durch Umsetzung in Anforderungen und Konzeptvarianten gelöst werden.

Angeregt durch die Auseinandersetzung mit den verschiedenen Szenarien wurden in der Hybridgruppe Möglichkeiten zur Verbesserung des Produktionsablaufs und der Produktionsplanung und -steuerung ausgelotet. Die Initiative für diese Aktivitäten gingen in der Regel von der Hybridgruppe selbst aus.

- o Erschließung neuer Möglichkeiten der Zwischenlagerung ohne Qualitätsverlust durch Versuche
- o Neustrukturierung der Hybridgruppe in zwei getrennte Fertigungsbereiche
- o Erprobung verschiedener Rotationsformen in der Druckerei, die für die Beschäftigten eine größere Transparenz und größere Entscheidungs- und Kooperationsmöglichkeiten lieferten
- o Einführung eines Steckbretts zur Grob- und Terminplanung, das ständig aktualisiert wurde und damit den aktuellen Produktionsstand wiedergab

In einem weiteren Entwicklungsschritt erarbeitete die Arbeitsgruppe "Organisation" Kriterien zur Bewertung verschiedener Planungsvarianten, die zur Bewertung erforderlichen Informationen und ihre Quellen und bestimmte die für die Bewertung geeignete Präsentationsform. Dabei wurde deutlich, daß einige Kriterien in einer Konkurrenzbeziehung zueinander stehen und je nach Produktionssituation die Gewichtung für die Bewertungskriterien unterschiedlich ist.

Im weiteren Verlauf des Entwicklungsprozesses wurde der Prototyp des Planungswerkzeugs iterativ erprobt, bewertet und weiterentwickelt (vgl. Kapitel 9).

Die Steuerung und Förderung des Entwicklungsprozesses zur Produktionsplanung und -steuerung in der Hybridgruppe erfolgte damit durch folgende konkrete Maßnahmen (vgl. Abbildung 8.2):

- o Information der Hybridgruppe und Bildung einer betrieblichen Arbeitsgruppe
- o Dokumentation und Auswertung der Arbeitsabläufe, Ermittlung und Bewertung der bisherigen Verfahren zur Produktionsplanung und -steuerung
- o Zieldefinition und Erstellung von Anforderungskatalogen für die Produktionsplanung und -steuerung und die Simulation - "Erweitertes, soziales Pflichtenheft"
- o Entwicklung und Förderung der Sozial-, Methoden- und Fachkompetenz der Mitarbeiter der Hybridgruppe durch Präsentationen, Lehrgespräche, Unterweisungen, Gruppenübungen, Planspiele mit Wandzeitung, Steckbrett und PC sowie Diskussionen

- o Entwicklung von Strategien und Szenarien sowie Prototypen des Simulationsprogramms
- o Versuche und Probeläufe sowie deren Auswertung

8.3 Darstellung des entwickelten Konzepts zur Produktionsplanung und -steuerung

Soll die Planung und Steuerung der Produktion weitgehend in die Hände der Produktionsteams selbst gelegt werden, sind leistungsfähige Strategien und angepaßte Hilfsmittel erforderlich. Dabei ist die an die jeweilige Planungs- bzw. Steuerungsaufgabe angepaßte, übersichtliche Bereitstellung aller benötigten Informationen besonders wichtig. Der Prozeß der Produktionsplanung und -steuerung muß deshalb so strukturiert und entzerrt werden, daß er Transparenz gewinnt und die Beteiligung der Beschäftigten an den ihren Arbeitsbereich betreffenden Planungsvorgängen möglich wird.

Die Strukturen, Strategien und Hilfsmittel dürfen aber nicht dazu führen, daß formale Regeln Handlungs- und Entscheidungsspielräume einschränken. Dies gilt insbesondere für die Produktionssteuerung, die vollständig den Produktionsteams überlassen bleiben soll, um ein Höchstmaß an Flexibilität zu erreichen.

Das entwickelte Drei-Ebenen-Konzept zur Produktionsplanung und -steuerung berücksichtigt diese Aspekte. Jede Planungsebene erfüllt eine spezielle Planungsaufgabe:

Erste Planungsebene

Die **Grob- und Terminplanung** über mehrere Wochen dient der Gruppenleitung zur langfristigen Kapazitätsplanung, Abschätzung von Lieferterminen und frühzeitigen Bestimmung des Materialbedarfs.

Zweite Planungsebene

Bei der **Fertigungs- und Abstimmungsplanung** über ein bis vier Wochen werden durch die Hybridgruppe Auftragseinlastungen, Auftragsbündel und Übergabetermine bestimmt.

Dritte Planungsebene

In der **internen Feinplanung und Steuerung** legen die Produktionsteams Auftragsreihenfolgen und Aufgabenverteilungen fest, steuern selbständig die Arbeitsabläufe innerhalb des Fertigungsabschnitts und regeln Störungen aus (Steuerung auf Zuruf).

Für die erste und zweite Planungsebene sind jeweils an die Aufgabenstellung angepaßte Versionen eines Simulationsprogramms vorgesehen (vgl. Kapitel 10). In der dritten Planungsebene ist in der Regel keine Simulation erforderlich. Hier reichen die Eckdaten der zweiten Planungsebene und erprobte Strategien, wie Regeln zur Arbeitsrotation, aus.

In den Planungsebenen sind jeweils unterschiedliche Planungsschritte durchzuführen.

Die erste Planungsebene "**Grob- und Terminplanung**" erfordert im Zusammenhang mit Auftragsanfragen unter Zuhilfenahme der Simulation folgende Planungsschritte:

1) Aktualisierung des Fertigungsstands mit Hilfe einer Auftragsliste im Simulationsprogramm (kann bei fortlaufender Aktualisierung durch BDE oder Pufferlisten entfallen)
2) Ermittlung oder ggf. Abschätzung der Produktionsdaten für die Schaltung des angefragten Auftrags, dabei auch Bestimmen des Bauteilbedarfs
3) Vorläufige Einlastung des angefragten Auftrags, bei neuen Schaltungen mit abgeschätzten Produktionsdaten
4) Durchführung der Langzeitsimulation und Ergebnisdarstellung (Bildschirm oder Ausdruck)
5) Bewertung des Ergebnisses (Termineinhaltung, Bauteilverfügbarkeit, Engpässe, Probleme)
6) Prüfung von Produktionsvarianten, dabei ggf. erneute Langzeitsimulation
7) Verhandlungen mit dem Kunden auf der Basis der Planungsergebnisse, Terminzusagen, ggf. Bestätigung der Einlastung des angefragten Auftrags und frühzeitige Veranlassung der Materialbeschaffung

Für die Langzeitsimulation ist eine angepaßte Version des Simulationswerkzeugs erforderlich. Dies betrifft insbesondere die schnelle und einfache Dateneingabe und eine für die Bewertung des Planungsergebnisses geeignete Ergebnisdarstellung auf dem Bildschirm. Um Handlungsspielräume zu erhalten und Störeinflüsse kalkulativ zu erfassen, ist bei der Langzeitsimulation ein Streckungsfaktor zu berücksichtigen, der erfahrungsorientiert eingegeben werden kann.

Die zweite Planungsebene "**Fertigungs- und Abstimmungsplanung**" läßt sich zunächst in zwei Abschnitte unterteilen. Im ersten Abschnitt wird von jeweils einem Mitarbeiter der beiden Fertigungsabschnitte ein geeigneter Fertigungsplan erarbeitet, bevor im zweiten Abschnitt in einer kurzen Gruppenbesprechung alle Mitarbeiter über den Fertigungsplan informiert werden und Besonderheiten und Probleme besprochen werden können (vgl. Abbildung 7.8).

Im ersten Abschnitt sind unter Verwendung des Simulationshilfsmittels folgende Planungsschritte durchzuführen:

1) Übernahme und ggf. Aktualisierung der Auftragsliste (Puffer 1), Aktualisierung des Fertigungsstands, Ermittlung des Materialbedarfs und der Bauteilverfügbarkeit, ggf. Korrektur der Produktionsdaten

2) Diskussion verschiedener Bearbeitungsstrategien (Losgrößen, Prioritäten, Produktmix) unter Berücksichtigung von Besonderheiten (Komplexität der Schaltungen, erforderliche Spezialkenntnisse, Musterserien, O-Serien) und Randbedingungen (Maschineneignung und -verfügbarkeit, Urlaub, Krankheit, Qualifikation), Bildung verschiedener Produktionsvarianten

3) Dateneingabe und Simulation (bis vier Wochen) der Varianten, Ergebnisdarstellung

4) Bewertung der Simulationsergebnisse (Termineinhaltung, Bauteilverfügbarkeit, Handlungsspielräume, Belastungsbegrenzung)

5) Absprache von Eckdaten für die beiden Fertigungsbereiche

Gegebenenfalls ist auch bei der Simulation zur Fertigungs- und Abstimmungsplanung ein Streckungsfaktor zu berücksichtigen, um den Produktionsteams Handlungsspielräume und internes Ausregeln von Störungen zu ermöglichen. Um "Spätfolgen" von Planungsentscheidungen erkennen zu können, ist eine Simulation der nächsten vier Wochen sinnvoll.

Diese Planungsschritte können sinnvollerweise am Freitag für die nächste Woche durchgeführt werden, so daß am Montagmorgen in der Gruppenbesprechung das Produktionsprogramm für die Woche besprochen werden kann. Hierfür wird von den beiden Mitarbeitern, die die Planungsschritte des ersten Abschnitts durchgeführt haben, das Simulationsergebnis der ausgewählten Produktionsvariante vorgestellt und auf Besonderheiten hingewiesen. Anschließend können Unklarheiten und Probleme angesprochen und geklärt sowie für die Produktionsübergaben an der Schnittstelle zwischen Druckerei und Bestückerei genaue Absprachen getroffen werden.

Auf der dritten Planungsebene findet auf der Basis der Auftragslisten innerhalb der beiden Fertigungsbereiche eine **interne Feinplanung** statt. Dabei werden unter Berücksichtigung der Eckdaten die Reihenfolgen der Arbeiten festgelegt und eine Verteilung der Aufgaben auf die Beschäftigten der jeweiligen Fertigungsbereiche vorgenommen.

Zur Erleichterung der Arbeitsverteilung und Erhöhung der Transparenz hat sich die Anwendung flexibler Arbeitsverteilungsstrategien als hilfreich erwiesen (z.B. halbtägige Arbeitsplatzrotation).

Die **Steuerung** des so geplanten Arbeitsablaufs erfolgt selbständig durch die Produktionsteams in den beiden Fertigungsbereichen. Eine enge Zusammenarbeit innerhalb der Produktionsteams und Regeln für die Dokumentation, Kennzeichnung und Arbeitsübergabe gewährleisten einen möglichst reibungslosen Arbeitsablauf. Dabei achten die

Gruppenmitglieder auf die Einhaltung der Eckdaten und gleichen so weit als möglich Störungen wie Maschinenausfälle oder Qualitätsmängel innerhalb des Fertigungsabschnitts selbst aus, so daß in der Regel der Produktionsablauf außerhalb des Fertigungsabschnitts nicht beeinträchtigt wird (Fertigung auf Zuruf). Nur in Ausnahmefällen, wenn die Störung die Einhaltung der Eckdaten nicht mehr erlaubt, sind fertigungsabschnittsübergreifende Abstimmungen erforderlich.

8.5 Erfahrungen und Schlußfolgerungen

Ziel der Produktionsplanung und -steuerung war die Gesamtoptimierung des Produktionsablaufs unter Berücksichtigung der in Abbildung 8.1 genannten Kriterien und der sich ständig dynamisch verändernden Rahmenbedingungen (Störungen, Eilaufträge, Engpässe usw.). Diese komplexe Aufgabe war produktionsnah unter Beteiligung der "betrieblichen Experten vor Ort" zu bewältigen.

Um die Mitarbeiter in die Lage zu versetzen, die Planung und Steuerung ihres Fertigungsabschnitts selbst flexibel und sicher durchführen zu können, haben sich im Laufe des Entwicklungsprozesses einige Aspekte als wesentlich herausgebildet, die gemeinsam und abgestimmt entwickelt werden müssen.

- o Zunächst müssen Strukturen geschaffen werden, die den Beschäftigten die Handlungs- und Entscheidungsspielräume bieten, die sie für die Optimierungsprozesse benötigen. Hierzu gehört neben dem Einräumen entsprechender Kompetenzen auch die Schaffung übersichtlicher Produktionseinheiten mit angepaßten Regeln und Informationswegen (vgl. Kapitel 7).

- o Parallel ist die Qualifikationsentwicklung voranzutreiben, so daß die Beschäftigten die fachlichen, methodischen und sozialen Kompetenzen entwickeln können, die für eine Planung und Steuerung im Team erforderlich sind (vgl. Kapitel 10).

- o Eine für die Planung ausreichende, aktuelle Datenbasis ist herzustellen. Die Beschäftigten benötigen neben dem aktuellen Produktionsstand insbesondere längerfristigen Einblick in die Auftragssituation, um die eigene Produktion darauf abstimmen zu können. Um spätere Auswirkungen von Planungsentscheidungen überblicken und erkennen zu können, ist zudem ein Planungswerkzeug sinnvoll (vgl. Simulationsprogramm, Kapitel 9). So kann z.B. frühzeitig erkannt werden, daß das Auffüllen freier Kapazitäten durch die Prozeßbindung im späteren Produktionsverlauf zu Engpässen führt.

- o Planung und Steuerung kann nur gelingen, wenn auch die Schnittstellen zwischen den Fertigungsabschnitten, zur Gruppenleitung und zu anderen betrieblichen und externen Stellen klar geregelt sind und damit auch in dieser Hinsicht Planbarkeit hergestellt wird. Wenn z.B. die Gruppenleitung oder andere betriebliche Stellen häufig in die Planungs- und Steuerungsautonomie der Produktionsteams eingreift (durch interne Eilaufträge usw.) oder keine sicheren Termine für die Zulieferung von Bauteilen vorhanden sind, gehen wichtige Handlungsspielräume und damit die Gesamtoptimierung der Planung und Steuerung verloren, so daß im weiteren Produktionsverlauf mit Störungen und Engpässen gerechnet werden muß.

Die genannten Aspekte zeigen, daß der Entwicklungsprozeß zur Planung und Steuerung in Produktionsteams langfristig angelegt sein muß und mit dem Ende des A&T-Projekts nicht abgeschlossen ist. Insbesondere bei der Entwicklung von Methoden- und Sozialkompetenzen müssen die Beschäftigten Erfahrungen sammeln. Eine abschließende Bewertung kann deshalb an dieser Stelle noch nicht vorgenommen werden. Es sind aber bereits einige Trends erkennbar.

Zunächst ist ein breiter Prozeß der Bewußtseinsbildung über die Möglichkeiten des eigenen planenden und steuernden Handelns z.B. zur Vermeidung belastender Situationen in Gang gekommen. Davon ausgehend werden durch Versuche die Möglichkeiten und Erfahrungen ständig weiter ausgebaut.

Auch betriebswirtschaftliche Effekte sind zu beobachten, wenn diese auch nicht von den parallelen Entwicklungsprozessen z.B. zur Arbeitsgestaltung abgekoppelt werden können. So traten auch durch steuerbereichsinternes Ausregeln von Störungen deutlich weniger Lieferterminverschiebungen auf. Die Lagerhaltung durch Engpässe konnte reduziert und die Durchlaufzeiten vereinheitlicht und verkürzt werden. Die Produktqualität hat sich auf hohem Niveau stabilisiert (vgl. Kapitel 7).

Bei der Weiterführung des Entwicklungsprozesses kann unter Beachtung der o.g. Aspekte mit einer Fortsetzung dieser Trends gerechnet werden.

9 Entwicklung des Simulationsprogramms HybriS als Hilfsmittel zur Produktionsplanung und -steuerung[9]

Zur Unterstützung der Produktionsplanung und -steuerung auf der Werkstattebene bei qualifizierter Gruppenarbeit sollte ein Planungshilfsmittel eingesetzt werden. Dabei waren folgende **Richtziele** zu beachten:

- o Erhaltung und Absicherung der Handlungs- und Entscheidungsspielräume der Produktionsteams
- o Selbständiges gemeinsames Planen und Steuern der Fertigung innerhalb der Fertigungsbereiche durch die Beschäftigten
- o Visualisierung von Planungsalternativen nach ihren mittelfristigen Auswirkungen auf die Fertigung
- o Frühzeitiges Erkennen und Beseitigen von Belastungen, Engpässen usw.
- o Unterstützung bei Terminzusagen und Produktionsstörungen (Eilaufträge, Maschinenausfälle usw.)
- o Flexibilität des Systems zur schnellen Anpassung an die sich ständig wandelnden Rahmenbedingungen (Innovationsprozesse, Marktanforderungen)

Diese Ziele sind mit der Einführung eines herkömmlichen PPS-Systems nicht erreichbar. Es sollte deshalb ein angepaßtes Simulationsprogramm entwickelt werden.

9.1 Grundlegende Überlegungen zur Einführung einer Simulationssoftware

Änderungen in der Fertigungstechnologie, der Arbeitsorganisation, der Produktpalette und der Vertriebsstruktur, die besonders in mittelständischen Unternehmen vom Markt erzwungen werden, stellen einen sehr hohen Anspruch an die Flexibilität einer Software für Fertigungsplanung und -steuerung.

Bis vor wenigen Jahren waren aufgrund der verfügbaren Hardware die Möglichkeiten des Zugriffs auf die Fertigungsplanungs- und -steuerungssoftware zum Zwecke einer schnellen und kostengünstigen Anpassung an Marktbedingungen für Benutzer und Systembetreuer begrenzt. Die früheren Software-Pakete mit ihren hochdetaillierten Fertigungsvorgaben waren in der Praxis nicht realisierbar und führten zu einer "Schattenfertigungssteuerung".

Heute ergeben sich durch die deutlich leistungsfähigere Hardware und neue Software (grafische Oberfläche, Fenstertechnik, Maus, Touch-Screen, objektorientierte Sprachen) völlig neue Konzeptionsmöglichkeiten. Diese Konzepte können erstens Arbeitsbedin-

---

[9] Das Simulationsprogramm wurde von der Firma ExperTeam SimTec GmbH entwickelt. Dieses Kapitel orientiert sich am Handbuch zum Programm.

gungen und -umfeld für eine menschengerechte Gestaltung und zweitens bei der Entwicklung einer Fertigungsplanungs- und -steuerungssoftware verstärkt Flexibilität und "Managementqualitäten" der Mitarbeiter in der Fertigung berücksichtigten.

Handlungs- und Dispositionsspielräume bleiben den Mitarbeitern bei von der Software weniger detaillierten Fertigungsvorgaben erhalten, wie z.B. bei der Lieferung von Eckdaten des geplanten Fertigungsablaufs. Die Mitarbeiter können selbst Einfluß auf ihre Belastungs- und Beanspruchungssituation nehmen. Durch die Förderung des gruppenorientierten Denkens und Handelns können z.B. noch vorhandene Belastungen auf alle Beteiligten besser verteilt und damit die Beanspruchung des einzelnen reduziert werden.

Die Auswahl der auszugebenden Eckdaten und der abzubildende Detaillierungsgrad des Fertigungsablaufs für die Fertigungsplanungs- und -steuerungssoftware haben einen starken Einfluß auf die Software-Kosten. Durch mangelhafte Anforderungsermittlung können sich diese Kosten zusätzlich erhöhen (vgl. PESCHKE, WITTSTOCK 1987, S. 84). Die Fehler bei der Anforderungsermittlung können mit Hilfe des "Expertenwissens" der Mitarbeiter in der Fertigung, die später mit dem entwickelten System arbeiten und dabei positive Effekte erzielen und erfahren sollen, minimiert werden. Insbesondere ist die Unterstützung der Mitarbeiter bei der Entwicklung der Software für die Auswahl der auszugebenden Eckdaten wichtig. Diese Beteiligung ist über den gesamten Entwicklungsprozeß gefordert. Die Möglichkeit der Einflußnahme auf die Gestaltung der Software ist nicht nur motivationsfördernd, sondern fördert bei den Mitarbeitern die Akzeptanz zur Realisierung eines derartigen Fertigungskonzepts.

Die Einführung von neuen EDV-Systemen wird im allgemeinen als willkommener Anlaß zur Umgestaltung einer bestehenden Organisationsstruktur gesehen. In diesem sensiblen Bereich der Unternehmen müssen Eingriffe gezielt und - nach Analyse des bestehenden Systems - gut vorbereitet vorgenommen werden. Insbesondere die Einführung eines EDV-Systems zur Fertigungsplanung und -steuerung mit den daraus resultierenden neuen Möglichkeiten darf nicht als "Anpassung" des Unternehmens an ein Software-Produkt mißverstanden werden.

Vielmehr ist von den bestehenden oder neu entwickelten Konzepten zur Arbeitsgestaltung und zur Produktionsplanung und -steuerung auszugehen und das EDV-System angepaßt an diese Strukturen als Werkzeug zur Unterstützung der Produktionsplanung und -steuerung zu entwickeln.

In der Praxis kann dies nur in einem Suchprozeß mit mehreren Iterationsschleifen zur Optimierung der Anpassung erfolgen. Dabei ist die Beteiligung der Betroffenen, für die das Werkzeug entwickelt wird und deren Arbeit damit unterstützt werden soll, von besonderer Bedeutung. Ohne ihre intensive Beteiligung und die Berücksichtigung aller ihrer Einwände und Vorschläge ist kein optimal an die Bedingungen der Fertigung und die Arbeitsweisen der Mitarbeiter angepaßtes Werkzeug erreichbar.

9.2 Vorgehensweise

Die Entwicklung des Simulationswerkzeugs war eingebettet in die Entwicklungsprozesse zur Arbeitsgestaltung (Kapitel 7) und zur Produktionsplanung und -steuerung (Kapitel 8). Es wurde auf der Basis dieser Konzepte und mit Hilfe des in der Arbeitsgruppe "Organisation" erstellten und iterativ weiterentwickelten "Erweiterten, sozialen Pflichtenhefts" entwickelt.

Am Entwicklungsprozeß des Planungswerkzeugs waren die Beschäftigten (insbesondere die Arbeitsgruppe "Organisation") zunächst mit folgenden Arbeitsschwerpunkten beteiligt:

- o Erfassen der Fertigungsstruktur mit den relevanten Kennziffern und dem verwendeten Fachvokabular.
- o Erfassen der Vorgehensweise bei der Produktionsplanung und -steuerung, bei den Dispositionsaufgaben und bei der Benutzerlogik (Denk- und Handlungsprozesse)
- o Einbringen von Wünschen, Vorstellungen, Erfahrungen und Einwänden

Die sich hieraus ergebenden Anforderungen an das Simulationsprogramm wurden im Laufe des Entwicklungsprozesses weiter ergänzt, konkretisiert und in das "Erweiterte, soziale Pflichtenheft" aufgenommen.

Dieser Anforderungskatalog ging in den Prozeß der Modellbildung der Simulation sowie in die Erstellung eines Programmprototyps ein. Das Simulationsmodell mußte die o.g. Strukturen und Fertigungsabläufe mit den relevanten Kennziffern abbilden und zwar in dem Maße, wie es eine Verplanung von Ressourcen, Mengen und Terminen unter angestrebten Freiheitsgraden für die Arbeitsgruppen erforderte.

Es wurden nicht nur "harte" Kennziffern, wie Durchlaufzeiten oder Nutzungsgrade im Simulationsmodell berücksichtigt, sondern darüber hinaus die sozialen und arbeitsablaufbezogenen Auswirkungen der Planungsalternativen sichtbar gemacht. Eine ständige Rückkopplung zwischen der Erarbeitung des Arbeitsmodells und der Entwicklung des EDV-Programms ermöglichte dieses Vorgehen.

Im weiteren Verlauf des Entwicklungsprozesses wurde der Prototyp des Planungswerkzeugs erprobt. Zunächst fanden einfache Versuche zur Dateneingabe und zur Abbildung der Fertigungsstrukturen statt. Anschließend wurden die in den Planspielen verwendeten Szenarien am Simulationsprogramm nachvollzogen. Mit Hilfe der Versuche erfolgte eine Bewertung des Simulationsprogramms auf Handhabbarkeit, Realitätsnähe, Fehlerfreiheit, Flexibilität, Brauchbarkeit für die Planung. Es ergaben sich daraus eine ganze Reihe weiterer konkreter Anforderungen, die wiederum Eingang in das "Erweiterte, soziale Pflichtenheft" fanden.

Nach der Weiterentwicklung des Simulationsprogramms wurde im Praxisbetrieb der Hybridgruppe über zwei Monate ein Probelauf durchgeführt. Ziel des Probelaufs war einerseits die differenzierte Bestimmung der Einsatzmöglichkeiten in der betrieblichen Praxis sowie des Leistungsvermögens und der Defizite des Simulationsprogramms und andererseits die Optimierung des Simulationsprogramms für den vorgesehenen Einsatz. Dabei sollten auch Schlußfolgerungen über den vorliegenden Einsatz in der Hybridgruppe hinaus möglich sein.

Die Erprobung umfaßte drei Anwendungsfälle für das Simulationsprogramm:

- Kurzzeitsimulationen über einen oder mehrere Tage
- Wöchentliche Simulationen als Hilfsmittel zur Arbeitsplanung in den beiden Fertigungsabschnitten der Hybridgruppe und zur flexiblen Anpassung an Störeinflüsse (Maschinenschaden, Eilaufträge, Krankheit usw.)
- Grob- und Terminplanung mit Hilfe einer Langzeitsimulation; die Einhaltung von Lieferfristen und die Erhaltung von Handlungsspielräumen und Fertigungsflexibilität standen im Vordergrund

Während des gesamten Probelaufs wurde eine ausführliche Dokumentation in Form eines leitfadengestützten Tagebuchs erstellt. Zudem gab es im Verlauf des Probelaufs mehrere Auswertungsbesprechungen zur Programmoptimierung und Weiterentwicklung der Kommunikations- und Informationsstrukturen. Die entwickelten Vorschläge wurden unmittelbar für die Software-Optimierung aufgegriffen. Dadurch konnten noch während des Probelaufs weiterentwickelte Versionen des Simulationsprogramms eingesetzt und erprobt werden.

Neben den o.g. Zielen bestand mit dem Probelauf für die Beschäftigten der Hybridgruppe aber auch die Möglichkeit, die Effekte der Planung und der Simulation auf ihre Arbeit zu erfahren und ihr Verhältnis zur Produktionsplanung und -steuerung mit einem Simulationsprogramm als Planungshilfsmittel neu zu definieren.

Für die Beteiligung an der Erfassung und der Durchführung von Erprobungen fanden Qualifizierungsmaßnahmen statt (vgl. Kapitel 8.2 und Kapitel 10).

9.3 Erfassung zur Modellierung des Programms

9.3.1 Aufnahme der Strukturen

Mit Unterstützung der Mitarbeiter in der Fertigung wurden die Fertigungsstrukturen beschrieben sowie die Organisation der Mitarbeiter, die Systematik, die verwendeten Begriffe und die mit den einzelnen Tätigkeiten verbundenen Sonderregeln aufgenommen.

Die Fertigung bestand aus 20 verschiedenen Arbeitsgängen, die sich durch ihren physikalischen Ablauf, ihre räumliche Anordnung und zugeordneten Maschinen unterschieden. Für jede Schaltung bestand ein Arbeitsplan aus einer Folge von 10 bis 50 unterschiedlichen Tätigkeiten, die den Arbeitsgängen zugeordnet waren. Beispielsweise waren "Leiterbahn 1 drucken" und "Isolation 1 drucken" dem Arbeitsgang "Drucken" zugeordnet.

Entgegen bestehendem "PPS-Denken" wurde das Konzept der Arbeitsgangbezogenheit in das Simulationssystem "HybriS" übernommen. HybriS berücksichtigte die in der Organisationsmatrix eingetragenen Prioritäten der Mitarbeiter bei den einzelnen Arbeitsgängen.

Die Fertigung von Hybridschaltungen bestand z.T. aus physisch und psychisch sehr belastenden Tätigkeiten, wie z.B. die stundenlange Kontrolle von hunderten von elektronischen Hybridschaltungen unter dem Mikroskop. Im Verlauf des Projekts wurden Konzepte für eine entlastende Arbeitseinteilung der Mitarbeiter erstellt und in HybriS berücksichtigt, ohne sie in HybriS zu programmieren. Die entwickelten mitarbeiterorientierten Konzepte konnten ohne zusätzlichen Aufwand vom Fertigungssteuerungsteam umgesetzt werden.

Da in der Hybrid-Fertigung weder ein PPS- noch ein BDE-System installiert war, mußte HybriS als Stand-Alone-System mit Schnittstellen zu zukünftigen BDE- und PPS-Systemen konzipiert werden.

Als Basis für die Software-Entwicklung wurde die Simulationssprache SLAM II gewählt. Die Flexibilität von SLAM II erlaubte es, alle weiter unten beschriebenen geforderten Bedingungen miteinzubauen.

9.3.2 Aufnahme der Systemparameter

In Gesprächen mit den Mitarbeitern wurde das in Abbildung 9.1 dargestellte Flußdiagramm erarbeitet. In diesem Flußdiagramm sind die fertigungsprozeßbedingten Abfolgen und die möglichen Schleifen eingetragen.

Der erste Arbeitsgang beinhaltet das Drucken der Widerstands- oder Isolationsschichten auf die Substrate. Daran schließt sich eine 15minütige Trocknung an. Danach kann eine weitere Schicht gedruckt werden oder der erfolgte Druck wird in einen Einbrennofen gegeben. Anschließend kann eine weitere Schicht gedruckt werden oder eine optische Kontrolle erfolgen. Sind alle Schichten gedruckt, erfolgt schließlich der vierte Arbeitsgang, der Laserabgleich.

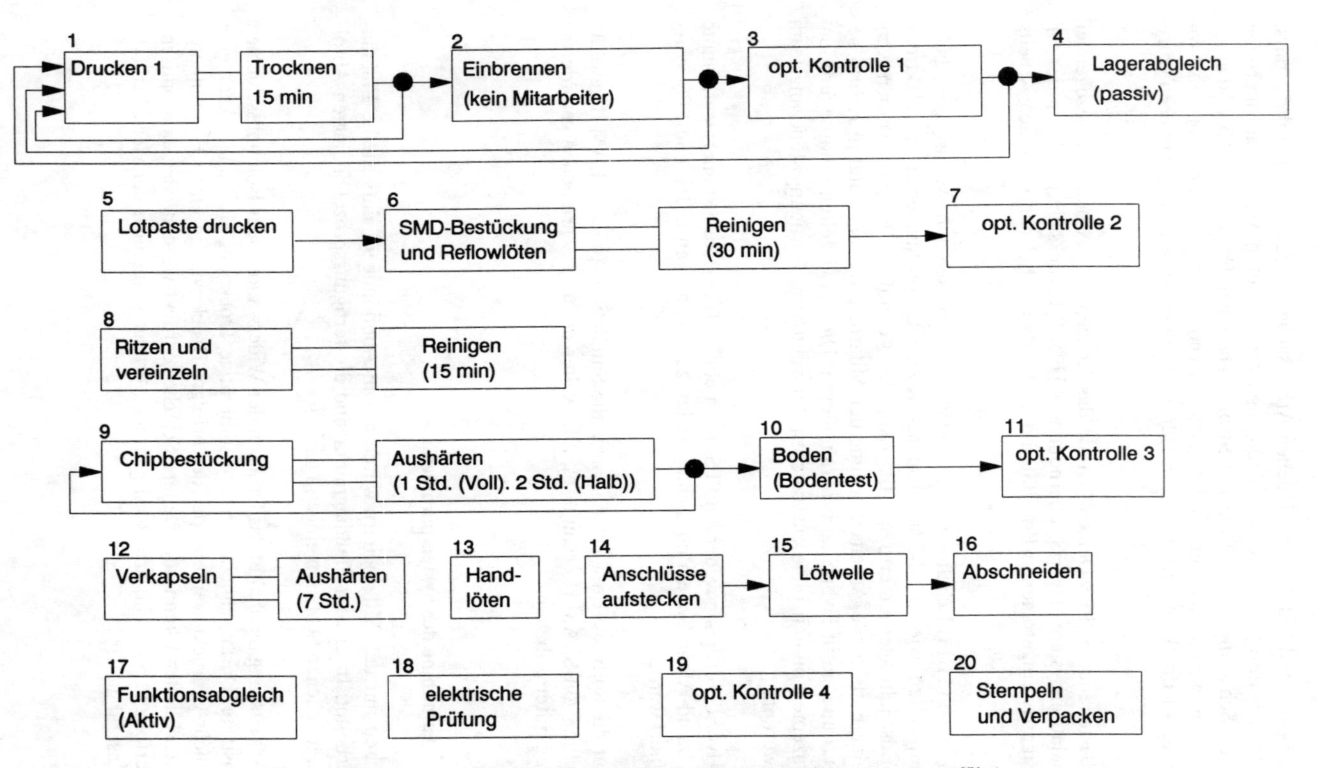

Generell werden die Arbeitsgänge in der Reihenfolge der Numerierung ausgeführt.

Abbildung 9.1: Flußdiagramm der Arbeitsgänge

Der darauffolgende Arbeitsschritt ist abhängig von der jeweiligen Schaltung. Grundsätzlich werden alle Arbeitsgänge in der Reihenfolge der Numerierung durchlaufen. Rücksprünge (Schleifen) und Auslassungen von Arbeitsgängen sind jedoch die Regel.

Die Arbeitsgänge lassen sich in den Arbeitsplänen von HybriS in beliebiger Reihenfolge eintragen.

Nach Bestimmung der Arbeitsgangbezeichnungen und logischer Anordnung der Arbeitsgänge in einem Flußdiagramm, wurden die Parameter für jeden der 20 Arbeitsgänge ermittelt und, wie Übersicht 9.1 zeigt, ausschnittweise festgehalten.

In den ersten beiden Spalten befindet sich die laufende Nummer sowie die Bezeichnung des Arbeitsgangs. Die dritte Spalte gibt die minimale Anzahl der Mitarbeiter, die gleichzeitig für einen Arbeitsgang zur Verfügung stehen müssen, wieder. Beispielsweise kann SMD-Bestückung und Reflow-Löten entweder von einer Person, die beide Maschinen bedient, oder von zwei Personen, die jeweils eine Maschine bedienen, durchgeführt werden. Dies ist schaltungsabhängig. Die vierte Spalte enthält eine Auflistung der Maschinen und Geräte, die für den entsprechenden Arbeitsgang eingesetzt werden können.

Die benötigten Anlauf-, Rüst-, Prozeß- und Auslaufzeiten sind in den Spalten fünf bis acht dargestellt. Schaltungsabhängige Zeiten sind durch "f(S)" gekennzeichnet. Annähernd feste Zeiten wurden mit "fix" markiert.

Aus der Übersicht ist zu ersehen, daß die Prozeßzeiten in der Regel schaltungsabhängig sind und daher auch in HybriS schaltungsabhängig eingetragen werden können. Alle anderen Zeiten sind nicht oder annähernd nicht schaltungsabhängig und können daher bei den Definitionen der Arbeitsgänge hinterlegt werden. Eine aufwendige Eingabe dieser Zeiten für jede Schaltung entfällt dadurch. Ausnahmen bilden hier die Rüstzeiten für die SMD-Bestückung, die Chip-Bestückung und den aktiven Funktionsabgleich. Für diese drei Arbeitsgänge mußte im Programm eine Eingabemöglichkeit bei jeder Schaltung vorgesehen werden.

In der letzten Spalte sind Stichpunkte zu den Arbeitsgängen aufgeführt. Folgende Zusätze sollen das Verständnis unterstützen:

- Drucken

  Es ist nicht möglich, das Drucksieb, das über Nacht herausgenommen wird, am nächsten Morgen wieder exakt in der gleichen Position einzubauen. Die von den Kunden erhaltenen Aufträge müssen deswegen in solche Fertigungsaufträge gesplittet werden, daß ein Auftrag an einem Tag komplett in einer Rüstung gedruckt werden kann und eine anschließende 30minütige Reinigung der Druckmaschine möglich ist.

Übersicht 9.1 : Aufnahme der Arbeitsgangparameter der bestehenden Fertigung

Nr	Arbeitsgang	Anzahl Mitar-beiter	zur Verfügung stehende Maschinen	Anlauf-zeit [min]	Rüst-zeit [min]	Prozeß-zeit [min]	Auslauf-zeit [min]	Bemerkungen
1	Drucken	1	1 Drucker (Vollautomat)	30	45	fix	30	1 Druckgang an einem Tag. 15 min Trocknen
2	Einbrennen	(T)	1 Einbrenn-ofen 850°C 1 Einbrenn-ofen 500°C	0 0	0 0	fix fix	0 0	Keine Anlaufzeit wegen Zeitschaltuhr Überwachung durch Techniker
3	Opt. Kontr.1	1	2 Mikroskope	0	0	f(S)	0	
4	Laser-abgleich	1	1 MLS-Laser	30	10	fix	0	
5	Lotpaste drucken	1	Drucker (Halbautomat)	0	60	f(S)	0	Begonnenes Los zu Ende drucken.
6	SMD-Bestücken und Reflow-Löten	f(s) 1 bis 2	1 Handbest. 1 Best.-Auto 1 Reflow-Lötstrecke	30 30 30	f(S) f(S) fix	f(S) f(S) fix	0 0 0	Gedruckte Lose unmittelbar anschließend bestücken, löten, 30 min Reinigen
7	Opt. Kontr. 2	1	2 Mikroskope	0	0	f(S)	0	
8	Ritzen und Vereinzeln	1	1 Scriber	60	20	fix	0	anschließend 15 min Reinigen
9	Chip-Bestücken	1	1 Chip- Best. (Vollautomat) 1 Chip-Best. (Halbautomat)	1	f (S) fix	f(S) f(S)	15 15	Auslaufzeit wegen Kleberausbau, anschließend 1 - 2 Stunden Aushärten
10	Bonden	1	1 Bonder (Vollautomat) 1 Bonder (ALU)	30	f(S) f(S)	f(S) f(S)		inkl. Bondtest
11	Opt. Kontr.3	1	2 Mikroskope	0	0	f(S)	0	
12	Verkapseln	1	2 Vergußplätze	60	0	f(S)	0	Anlaufzeit zum Auftauen der gefrorenen Vergußmasse; 7Std. Aushärten
13	Handlöten	1	6 Lötstationen	0	0	f(S)	0	Handarbeitsplätze
14	Anschlüsse aufstecken	1	1 Anschluß-presse	0	20	fix	0	Handarbeitsplatz
15	Lötwelle	1	1 Lötwelle	15	0	fix	0	
16	Abschneiden	1		0	10	fix	0	Handarbeitsplatz
17	Funktions-abgleich	1	1 LO-Laser	30	f(S)	fix	0	
18	Elektr. Prüfung	1	n Meßgeräte	10	0	f(S)	0	variierende Zahl an Meßgeräten (z.T. Kundenmeßgeräte)
19	Opt. Kontr.4	1	2 Mikroskope	0	0	f(S)	0	
20	Stempeln und Verpacken	1		0	0	fix	0	Handarbeitsplatz

Legende: (T) Überwachung durch Techniker
fix Wert ist weitgehend Schaltungsunabhängig. Daher wurde er als konstant angenommen.
f(S) Wert ist schaltungsabhängig und muß für jede Schaltung bestimmt werden.

- o Einbrennen

  Die Einbrennöfen werden automatisch beschickt und von Zeit zu Zeit von einem Techniker kontrolliert.

- o Optische Kontrolle 1

  Die Kontrollzeit ist schaltungsabhängig, da die zu kontrollierenden Strukturen unterschiedlich komplex sein können.

- o Laserabgleich

  Am Laser ist ggf. die Unterstützung durch einen Techniker erforderlich.

- o Lotpaste drucken

  Mit Lotpaste bedruckte SMD-Schaltungen müssen innerhalb weniger Stunden mit SMD-Bauteilen bestückt und reflow-gelötet werden, um saubere Lötstellen zu garantieren. Mit dem Drucken kann erst begonnen werden, wenn alle Voraussetzungen für das nachfolgend aufgeführte SMD-Bestücken und Reflow-Löten gegeben sind.

- o SMD-Bestücken und Reflow-Löten

  Zu Beginn des Projekts waren in der Regel zwei Mitarbeiter - je einer für die Bestückung und das Reflow-Löten - im Einsatz. Bei kleineren Aufträgen bediente ein Mitarbeiter beide Maschinen. Durch die Bereitstellung einer neuen Reflow-Lötstrecke mit automatischer Beschickungseinrichtung kann nun auch bei größeren Aufträgen ein Mitarbeiter beide Fertigungsschritte bewältigen. Die Option, einen zweiten Mitarbeiter hinzuzuziehen, bleibt in HybriS erhalten. Das Rüsten der SMD-Bestücker kann mehrere Stunden in Anspruch nehmen und ist stark schaltungsabhängig. Daher läßt sich die Rüstzeit für die SMD-Bestückung für jede Schaltung eingeben.

- o Optische Kontrolle 2

  Die Kontrollzeit ist schaltungsabhängig, da die zu kontrollierenden Strukturen unterschiedlich komplex sein können.

- o Ritzen

  Beim Ritzen werden die Substrate in ihren Nutzen (Zahl der Hybridschaltungen auf einem Substrat) unterteilt. Da das Ritzen weitgehend automatisiert ist, sind Rüst- und Prozeßzeit als konstant anzunehmen. Zu beachten ist die Vorlaufzeit von einer Stunde und der hohe Kühlwasserverbrauch von 1.500 l/Std. für den Scriber, der daher direkt nach Benutzung abgeschaltet wird. Weil die Prozeßzeiten für das Ritzen sehr kurz sind, ist es sinnvoll, die Lose vor dem Ritzen auflaufen und alle Lose direkt hintereinander durchlaufen zu lassen, anstatt den Laser mehrmals täglich ein- und auszuschalten.

o Chip-Bestücken

Wie bei den SMD-Bestückungsautomaten sind auch hier die Rüstzeiten lang und stark schaltungsabhängig.

o Bonden

Während des Bondens werden immer wieder Stichproben genommen, um einen Bondtest zur Überprüfung der Festigkeit der Verbindungen durchzuführen. Die Prozeßzeit ist stark schaltungsabhängig, da sie von der Anzahl und Art der Chips für jede Schaltung unterschiedlich ist.

o Optische Kontrolle 3

Die Kontrollzeit ist schaltungsabhängig, da die zu kontrollierenden Strukturen unterschiedlich komplex sein können.

o Verkapseln

Die Prozeßzeit für das Verkapseln ist schaltungsabhängig, da die Anzahl der Chips für jede Schaltung unterschiedlich ist. Eine Anlaufzeit von einer Stunde wird benötigt, um die tiefgefrorene Vergußmasse aufzutauen. Das Aushärten der Vergußmasse dauert etwa sieben Stunden.

o Handlöten

Hierfür stehen sechs Lötstationen zur Verfügung und es findet auf den Handarbeitsplätzen statt. Sind die Handarbeitsplätze durch andere Tätigkeiten belegt, so wird nicht von Hand gelötet. Daher werden in HybriS als Ressource für das Handlöten nicht die Lötstationen, sondern die Handarbeitsplätze eingetragen. Die Prozeßzeit variiert je nach Anzahl der anzulötenden Anschlüsse und ist damit schaltungsabhängig.

o Anschlüsse aufpressen

Das Aufstecken der Anschlüsse geschieht entweder von Hand oder mit einer Anschlußpresse. In jedem Fall findet dieser Arbeitsgang auf den Handarbeitsplätzen statt. Daher werden als Ressourcen, wie beim Handlöten, die Handarbeitsplätze in HybriS eingetragen.

o Lötwelle

Die Prozeßzeit ist im allgemeinen schaltungsunabhängig. Doch für lange Schaltungen müssen Zuschläge gemacht werden.

o Abschneiden

Das Abschneiden der aufgepreßten und gelöteten Anschlüsse wird an den Handarbeitsplätzen durchgeführt.

- o Funktionsabgleich

  Der Funktionsabgleich mit einem Laser wird von einem Techniker gerüstet und ist wegen der unterschiedlichen Anzahl der abzugleichenden Elemente einer Schaltung schaltungsabhängig.

- o Elektrische Prüfung

  Die Anzahl der für die Prüfung zur Verfügung stehenden Meßgeräte bestimmt die Anzahl der Schaltungen, die gleichzeitig geprüft werden können. Die Meßgeräte werden entweder vom Kunden geliefert oder von E-T-A selbst entwickelt. Die Entwicklungszeit wird bei der Simulation nicht berücksichtigt.

9.3.3 Aufnahme der Arbeitspläne

Die Daten und Arbeitspläne der Schaltungen wurden aufgenommen. In Übersicht 9.2 sind beispielhaft die Daten und der Arbeitsplan der Schaltung "HADI" wiedergegeben.

Die Daten zeigen die Umrüstzeiten für die Arbeitsgänge mit schaltungsabhängigen Umrüstzeiten sowie die Anzahl der Meßgeräte, die für den aktiven Funktionsabgleich zur Verfügung stehen.

Der Arbeitsplan besteht aus einer laufenden Schrittnummer und dem jeweiligen Arbeitsgang. In der nächsten Spalte steht die Tätigkeit, die bei dem jeweiligen Arbeitsgang ausgeführt wird. Je nach Fertigungsfortschritt beinhaltet der Arbeitsgang "Druck": "Leiterbahn 1 drucken", "Golddruck", "Isolation 1 drucken" usw.

In der dritten Spalte ist die Maschine, die für diesen Arbeitsschritt eingesetzt werden soll, bezeichnet. Es kann sich auch um eine Maschinen- bzw. Gerätegruppe handeln, wie z.B. "Mikroskop 1", welche aus zwei Mikroskopen besteht. HybriS wählt dann eines der beiden Mikroskope während der Simulation aus.

Da Lagerung und Transport der Substrate in der Regel in Magazinen erfolgt, wurde als Basiseinheit 100 Substrate gewählt und für diese Lose die Bearbeitungszeit angegeben.

In der letzten Spalte wurden schaltungsabhängige Sonderregeln eingetragen. Für das "Glaseinbrennen" beim 19. Arbeitsgang wird eine zusätzliche Vorlaufzeit von zwei Stunden benötigt.

Übersicht 9.2: Daten und Arbeitsplan der Schaltung HADI

Arbeitsplan für Schaltung HADI				
Schritt Nr.	Arbeitsgang	Tätigkeit	Maschine	Bearbeitungszeit für 100 Substrate [Std:Min]
1	Druck 1	Leiterbahn 1 drucken	Drucker-Vollautomat	0:12
2	Einbrennen	Leiterbahn 1 einbrennen	Einbrennofen 850°C	0:15
3	Druck 2	Golddrucken	Drucker-Vollautomat	0:12
4	Einbrennen	Gold einbrennen	Einbrennofen 850°C	0:15
5	Opt. Kontrolle 1	Leiterbahn und Golddruck kontrollieren	Mikroskop1	1:00
6	Druck 3	Isolation 1 drucken	Drucker-Vollautomat	0:12
7	Einbrennen	Isolation einbrennen	Einbrennofen 850°C	0:15
8	Druck 4	Isolation 2 drucken	Drucker-Vollautomat	0:12
9	Einbrennen	Isolation 2 einbrennen	Einbrennofen 850°C	0:15
10	Druck 5	Leiterbahn 2 drucken	Drucker-Vollautomat	0:12
11	Einbrennen	Leiterbahn 2 einbrennen	Einbrennofen 850°C	0:15
12	Opt. Kontrolle 2	Isolation und Leiterbahn 2 kontrollieren	Mikroskop 1	1:00
13	Druck 6	R-Paste "1 KOhm" drucken	Drucker-Vollautomat	0:12
14	Druck 7	R-Paste "10 KOhm" drucken	Drucker-Vollautomat	0:12
15	Druck 8	R-Paste "100 KOhm" drucken	Drucker-Vollautomat	0:12
16	Druck 9	R-Paste "1MOhm" drucken	Drucker-Vollautomat	0:12
17	Einbrennen	Widerstände einbrennen	Einbrennofen 850°C	0:15
18	Druck 10	Glasdrucken	Drucker-Vollautomat	0:12
19	Einbrennen	Glas einbrennen	Einbrennofen 500°C	0:15
20	Laser	Widerstandsabgleich	MLS-Trimmlaser	0:45
21	Lotdruck	Lotpaste 2x2" drucken	Drucker-Halbautomat	1:00
22	SMD-Bestücken Reflow-Loten	Bestücken mit "Dynapert" SMD-Bestücker	SMD-Bestücker Reflow-Lötstrecke	4:00
23	Ritzen	Substrate Unterteilen (Nutzen)	Scriber-Laser	0:50
24	Opt. Kontrolle 3	Lötung kontrollieren, ggf. nachlöten	Mikroskop 2	2:00
25	Chip-Bestückung	Bestücken mit "ESEC"-Vollautomat	Chipbestücker ESEC	1:30
26	Bonden	Bonden	Bonder-Vollautomat	7:42
27	Opt. Kontrolle 4	Chip-, Bondverbindungen kontrollieren	Mikroskop 3	0:45
28	Verkapseln	Chip- und Bondverbindungen umhüllen	Vergießgerät	5:54
29	Anschlüsse	Anschlüsse aufstecken	Anschlußpresse	2:48
30	Anschlüsse löten	Wellelöten	Lötwelle	3:36
31	Abschneiden	Abschneiden der Anschlußkämme	Vorrichtung	1:30
32	Elektr. Prüfung	Prüfen der Funktionen	Testsystem, Meßgerät	6:00
33	Opt. Kontrolle 5	fertige Hybridschaltung kontrollieren	Mikroskop 3	2:36
34	Verpackung	Stempeln und Verpacken	Handarbeitsplatz	0:05

9.4 Das Simulationsprogramm HybriS

Die Datenstruktur in Abbildung 9.2 zeigt, welche Daten und Informationen in welcher Verknüpfung zu berücksichtigen und in HybriS umgesetzt worden sind.

Es liegt eine beliebige Anzahl von Aufträgen unterschiedlicher Größe vor, die sich durch ihre Auftragsnummer (laufende Nummer) unterscheiden und zu unterschiedlichen Terminen eingelastet werden können. Die Aufträge können mit dem ersten oder auch mit einem anderen Arbeitsschritt eingelastet werden. Dies ist bei Aufträgen der Fall, die eine längere Zeit als Halbprodukt zwischengelagert oder extern gefertigt worden sind. Eine voraussichtliche Unterbrechung eines Auftrags ab einem bestimmten Arbeitsschritt, z.B. wegen Lieferverzögerung von Bauteilen, läßt sich ebenso eintragen, wie die Deklaration eines Auftrags als Eilauftrag. Und schließlich wird für jeden Auftrag die Schaltungsbezeichnung eingetragen.

Durch Vergabe von laufenden Schaltungsnummern und Schaltungsnamens lassen sich beliebig viele Schaltungen definieren. Die Angabe des Nutzens ist ebenso notwendig, wie die Angabe der Anzahl der Meßgeräte, die für die aktive Funktionskontrolle für diese Schaltung zur Verfügung stehen. In einem Arbeitsplan läßt sich für jeden Schritt der definierte Arbeitsgang, die dazugehörige Tätigkeit sowie die Prozeßdauer eintragen. Da für SMD-Bestückung, Chip-Bestückung und aktiven Funktionsabgleich die Rüstzeiten schaltungsabhängig sind, existiert für jede Schaltung noch ein Tabelle, in die diese Werte eingetragen werden.

Die weiter oben definierten Arbeitsgänge sind mit Arbeitsgangnummer, -bezeichnung und -priorität hinterlegt und können, wie auch die folgenden Parameter, vom Anwender editiert werden. Die für den jeweiligen Arbeitsgang einsetzbaren Mitarbeiter sind in einer Zuordnungsmatrix definiert. In einer Tätigkeitstabelle sind die möglichen Tätigkeiten mit den einzusetzenden Maschinen definiert. Über einen Sonderregelcode können in HybriS programmierte Sonderregeln tätigkeitsabhängig aktiviert werden. Über diese Sonderregeln kann z.B. ein zweiter Mitarbeiter und eine zweite Maschine belegt werden, wie es bei der SMD-Bestückung der Fall ist.

Alle hinterlegten Maschinen sind durch ihre Nummer und ihre Bezeichnung zu identifizieren. Maschinenbezeichnung und die Anzahl der zur Verfügung stehenden Maschinen können vom Anwender editiert werden.

Für jeden Mitarbeiter wird seine Anwesenheit und seine letzte Tätigkeit dokumentiert. Sie werden über eine Zuordnungsmatrix für die verschiedenen Arbeitsgänge eingesetzt. In dieser Zuordnungsmatrix bedeutet eine "0" kein Einsatz, und die Ziffern "1" bis "3" bedeutet Einsatz mit einer Priorität in Abhängigkeit von diesen Ziffern.

Nach der Eingabe der System- und Auftragsdaten kann die Simulation gestartet werden. Sie nimmt nur wenige Sekunden in Anspruch. Die Ergebnisdarstellung erfolgt in Listen oder in Gantt Charts (Abbildung 9.3), die die Abarbeitung und die Fertigstellungstermine gemäß der in der Auftragsliste genannten Prioritäten wiedergibt.

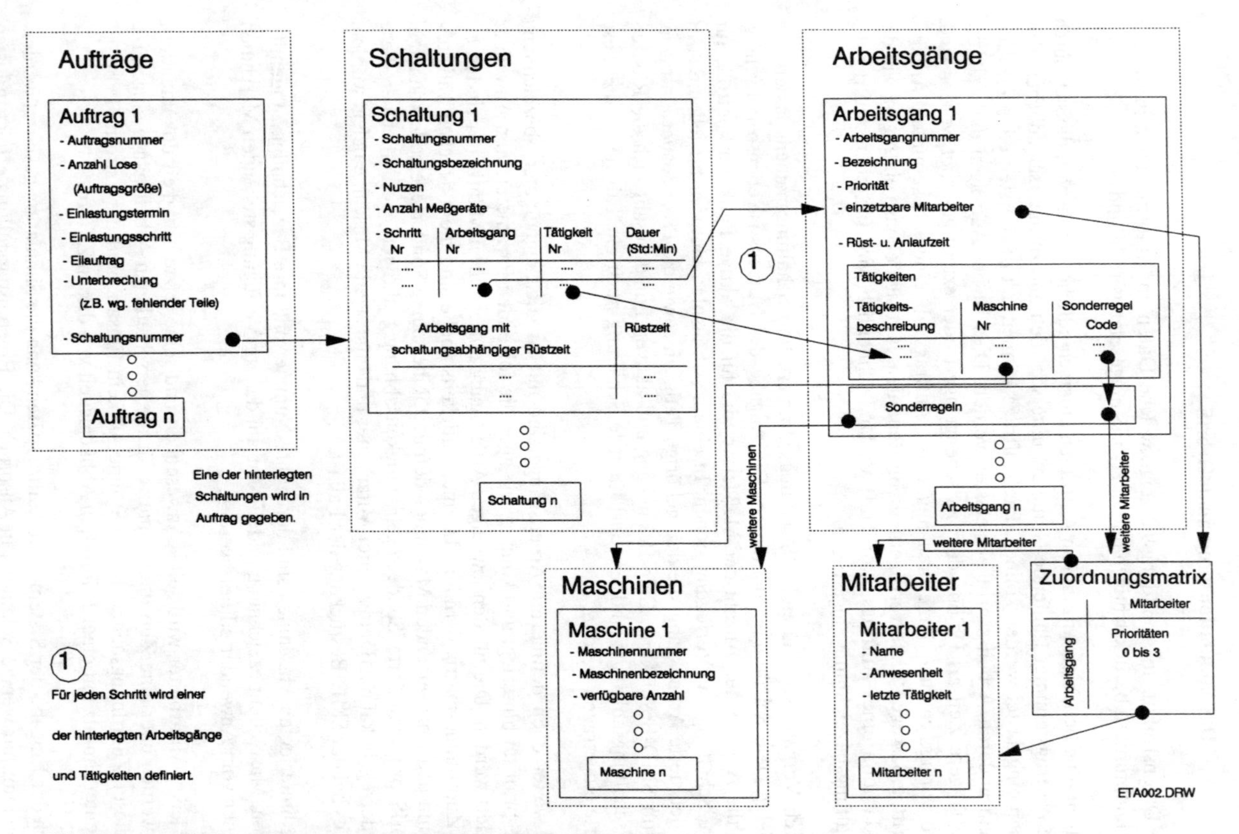

Abbildung 9.2: Informations- und Datenverknüpfung in HybrIS

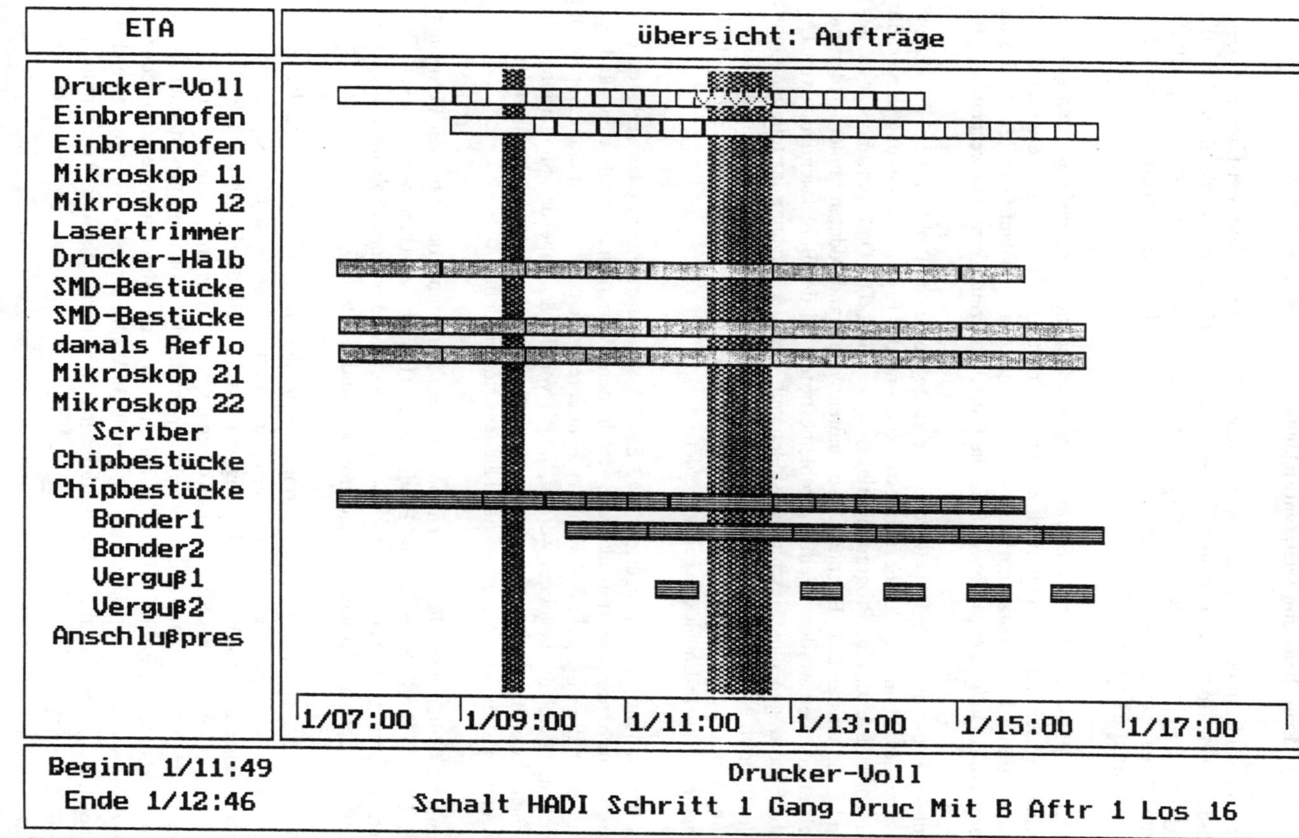

Abbildung 9.3: Beispiel für eine Ergebnisdarstellung auf dem Bildschirm als Gantt Chart

9.5 Erprobung und Weiterentwicklung

Der Probelauf mit dem Simulationsprogramm bot die Möglichkeit, Leistungsvermögen, Einsatzgebiete, sowie Defizite und Probleme zu ermitteln. Dabei wurde nicht allein die Programmgestaltung, sondern auch die die Produktionsplanung und -steuerung betreffenden Organisations- und Planungsstrukturen sowie die Kommunikations- und Informationsstrukturen untersucht.

Die Anlaufphase des Probelaufs war durch verschiedene Startschwierigkeiten gekennzeichnet. So fehlten zu Beginn noch zahlreiche Produktionsdaten und die vorhandenen Daten waren z.T. geschätzt und ungenau. Im Laufe des Probelaufs konnten die Daten aber vervollständigt und Mittelwerte für die Produktionszeiten ermittelt werden.

In dieser Phase des Probelaufs wurden eine ganze Reihe von Problemen bei der Dateneingabe, der Abbildung der Fertigungsstruktur und der Ergebnisdarstellung festgestellt und Vorschläge für eine Programmoptimierung gemacht. Die Dateneingabe war zu aufwendig und umständlich. Beispielsweise mußten viele Standarddaten immer wieder manuell eingegeben werden. Weitere Probleme traten bei der Berücksichtigung von Urlaub, Eilaufträgen und Maschinenausfällen auf. Bei der Ergebnisdarstellung (Gantt Charts) waren anfangs zur besseren Lesbarkeit handschriftliche Ergänzungen und Erläuterungen erforderlich. Die meisten dieser Probleme konnten durch die direkte Beteiligung der Software-Entwickler gelöst werden.

Bei der Planung wurde festgestellt, daß das Simulationsprogramm dazu verleitet, eine Variante zu optimieren, statt mehrere verschiedene Varianten zu vergleichen (und ggf. erst danach die ausgewählte Variante zu optimieren). Dem konnte mit einer Anpassung des Planungsablaufs begegnet werden, indem vor der Eingabe der Simulationsdaten zunächst zwei bis vier Varianten ermittelt und erst dann alle Varianten nacheinander eingegeben, simuliert und vergleichend ausgewertet wurden.

Zunächst fehlten auch die Informationswege zur Ermittlung des aktuellen Fertigungsstands und weiterer Betriebs- und Produktdaten (Urlaub, Maschinenverfügbarkeit, Produktionsdaten neuer Schaltungen). Hierfür wurden während des Probelaufs Listen zur Aufnahme der erforderlichen Daten entwickelt und eingesetzt.

Für die Planung und Simulation waren zunächst täglich ca. vier Arbeitsstunden erforderlich. Dieser große Zeitaufwand bezog sich nicht auf die Simulation selbst, sondern hauptsächlich auf die Datenbeschaffung und -eingabe. Mit der Erweiterung der Datenbasis, der Anpassung des Simulationsprogramms, Einführung von Strategien zur Erleichterung der Datenerhebung und nicht zuletzt während des Probelaufs gewonnener Erfahrungen konnte der Zeitbedarf für die Durchführung der Simulation deutlich reduziert werden, so daß ein Aufwand von ca. 15 bis 30 Minuten pro Anwendung erreichbar scheint. Bei einer einmal pro Woche durchgeführten Fertigungs- und Abstimmungsplanung (zweite Planungsebene) und einer bedarfsorientierten Durchführung der Grob- und Terminplanung (erste Planungsebene) stehen damit Nutzen und Aufwand in einem günstigen Verhältnis.

Es zeigt sich, daß das Simulationsprogramm für Kurzzeitsimulationen (tageweise) wenig geeignet ist. Hier sind die einzelnen Abweichungen zwischen Simulation und Realität z.T. sehr groß und die Handlungsspielräume und Selbststeuerungsmöglichkeiten in den Produktionsteams gering. Zudem können so spätere Auswirkungen der Planungsentscheidungen nicht beachtet werden.

Ein solche Kurzzeitsimulation ist auch im o.g. Planungskonzept nicht vorgesehen. Vielmehr sollen mittelfristige Simulationen den Produktionsteams Eckdaten und Orientierung für die bereichsinterne Planung, Steuerung und Arbeitsverteilung bieten. Die Erkenntnisse aus dem Probelauf zeigen, daß die Simulation für diese Aufgabe eine sinnvolle Hilfestellung bieten kann. So wurde festgestellt, daß die Produktionsergebnisse einer Arbeitswoche mit denen der Simulation weitgehend übereinstimmen.

9.6 Zusammenfassung

Die Komplexität der zu produzierenden Hybridschaltungen, die auf Unterbrechungen empfindlich reagierenden Produktionsabläufe, die durch die Konkurrenz bestimmten engen Liefertermine und die durch den Innovationsprozeß in dieser Branche verursachten ständigen Veränderungen der Anforderungen stellen hohe Ansprüche an ein Werkzeug zur Unterstützung der Fertigungsplanung und -steuerung.

Daher waren die Entwickler von HybriS auf das Wissen und die Erfahrungen der Mitarbeiter angewiesen, die viele wichtige Details und Erfahrungen einbringen konnten. Schon vor Beginn des Projekts wurde dies allen an der Entwicklung Beteiligten deutlich. So schieden die gängigen Rezepte mit einer nur scheinbaren Beteiligung der Mitarbeiter (vgl. HOFSTETTER 1987) von vornherein aus.

Besonders in der Testphase von HybriS war die Unterstützung durch die Mitarbeiter der Hybridgruppe notwendig. Die Verbesserungsvorschläge der Mitarbeiter, die sich im wesentlichen auf die praktische Bedienung sowie die geänderten Fertigungsabläufe bezogen, wurden in überarbeiteten Versionen berücksichtigt. Die komplexen Aussagen des Gantt-Diagramms und des Statusberichts wurden von den Mitarbeitern verstanden und validiert, da sich die Mitarbeiter durch ihre aktive Beteiligung an dem iterativen Entwicklungsprozeß mit den Zielen und Schwierigkeiten der Aufgabe auseinandergesetzt hatten. Damit können mögliche Fertigungsverläufe, ausgehend vom aktuellen Produktionsstand, einige Wochen in die Zukunft überblickt und Auswirkungen wie Engpässe, Leerläufe, Liefertermine und Belastungen frühzeitig erkannt werden.

Es zeigte sich, daß die Vorgänge in der Druckerei sehr gut von HybriS simuliert wurden. In der Bestückerei allerdings waren Abweichungen zu den Vorhersagen von HybriS aufgrund der täglich eintreffenden Sofortaufträge unvermeidlich. Mit dem Simulationsprogramm konnten sowohl die dispositiven Aufgaben für die gesamte Hybridgruppe als auch für die beiden Fertigungsinseln koordiniert werden.

Die Erstellung von Szenarien über unterschiedliche Betriebsabläufe ermöglichte es den Mitarbeitern, unterschiedliche Optionen der Ablauforganisation bei veränderten Parametern (z.B. Losgröße, Arbeitsverteilung usw.) auf ihre Umsetzbarkeit zu überprüfen. Damit erhielten die Produktionsteams wirklichkeitsgetreue Produktionsablauf-Alternativen, über die sie entscheiden konnten.

Zielsetzung der Unterstützung der Planung durch das Simulationsprogramm war zum einen die Erstellung einer Grobplanung für die gesamte Fertigung, zum anderen die Produktionsplanung für die Fertigungsabschnitte (mittelfristige Planung).

Die Erprobung der Simulation der Betriebsabläufe ergab, daß sich bei zunehmender Komplexität der Aufgabe und längerfristiger Planung das Simulationsprogramm bewährte. Bei weniger komplexen Aufgaben erwies sich die herkömmliche, individuelle Vorgehensweise bei der Planung als geeigneter.

Probleme, die im Projektverlauf nur teilweise gelöst werden konnten, traten bei der Dateneingabe, der Variantenbildung und bei der Ergebnisdarstellung auf. Die Handhabung war für die Anwendung durch die Angelernten noch zu kompliziert. Als besonders wünschenswert erschien insbesondere die Veränderung von simulierten Produktionsverläufen mit Hilfe der Maus in einen Gantt Chart, kombiniert mit einer Online-Simulation. Hier ist eine Verbindung mit der Leitstandtechnik zu erwägen.

10 Entwicklung eines Qualifizierungskonzepts zur Unterstützung aller Entwicklungsprozesse und der qualifizierten Produktionsarbeit

Die Fertigung von Hybridschaltungen stellt hohe Anforderungen an die Beschäftigten. Die Herstellung der kundenspezifischen, komplizierten Schaltungen erfolgt in einem komplizierten Fertigungsprozeß. Dabei werden mit Hilfe von aufwendigen Anlagen (Dickschichtdrucker, Abgleichlaser usw.) Mikrostrukturen wie Leiterbahnen und Bondverbindungen gefertigt und sehr kleine Bauteile (Chips, SMD-Bauteile) verarbeitet.

Darüber hinaus ergeben sich durch die Dynamik des Marktes ständig neue Anforderungen. So kommen neue Bauelemente (z.B. Leistungshybride) mit neuen Verfahren zur Verarbeitung. Das macht häufig auch den Einsatz neuer Technologien erforderlich.

Schließlich führen auch die im A&T-Projekt entwickelten Organisations- und Planungsstrukturen zu neuen Anforderungen an die Mitarbeiter der Hybridgruppe. Das entwickelte Konzept der qualifizierten Gruppenarbeit (vgl. Kapitel 7) erfordert von jedem Mitarbeiter die Beherrschung verschiedener z.T. neuer Aufgaben. Hierzu gehören nicht nur die Bedienung verschiedener Maschinen und die Durchführung von Hand- und Mikroskoparbeit, sondern auch die Übernahme vorbereitender, programmierender, prüfender und lenkender Aufgaben. Um die Aufgaben der Selbstplanung und -steuerung im Produktionsteam durchführen zu können, müssen darüber hinaus neben Hilfsmitteln (z.B. Simulation) auch Planungs- und Problemlösungsstrategien beherrscht und Formen der Zusammenarbeit eingeübt werden.

Diese zusammenfassende Darstellung der Anforderungen macht deutlich, daß die langfristige, erfolgreiche Bewältigung der Anforderungen nur gelingen kann, wenn die Mitarbeiter der Hybridgruppe hierfür umfassend qualifiziert sind. Erst durch gut qualifizierte Mitarbeiter kann die Leistungsfähigkeit flexibler Produktionsstrukturen voll ausgeschöpft werden.

10.1 Vorgehensweise

Aus der Dynamik der Anforderungen an die Hybridgruppe ergibt sich, daß Lernen und Qualifizierung dauerhafter und integrierter Bestandteil der Arbeit in der Hybridgruppe werden muß (vgl. Schelten 1987, S. 202 ff). Die Hybridgruppe muß also dazu qualifiziert werden, über die Laufzeit des A&T-Projekts hinaus den Qualifizierungsbedarf selbständig erkennen und Selbstqualifizierung durchführen zu können. Nur in Ausnahmefällen (z.B. bei der Einführung einer neuen Maschine) sollen einzelne Multiplikatoren eine externe Qualifizierung erfahren.

Damit scheiden die bekannten Qualifizierungskonzepte (Sonntag, Hamp, Rebstock 1987; IAO 1989; Frei 1993), wie sie z.B. für die Einführung von CIM-Elementen angewendet werden, aus. Selbst wenn bestimmte Schlüsselqualifikationen wie Problemlösungsstrategien in diese Qualifizierungskonzepte integriert sind, zielen sie doch schwerpunktmäßig auf die Qualifizierung zur Bedienung von Computersteuerungen und rechnergestützten Dokumentationen. Strategien zur dauerhaften Selbstqualifizierung unter Beachtung neuer Anforderungen werden dabei nicht entwickelt.

Lernstattkonzepte (Kirchhoff, Gutzan 1982; Riegger 1983) entsprechen eher den hier verfolgten Zielsetzungen. Sie sind jedoch mit einem großen organisatorischen und personellen Aufwand verbunden, der nur in einem größeren betrieblichen Zusammenhang realisiert werden kann. Eine direkte Übertragung auf die Verhältnisse einer relativ kleinen, teilautonomen Fertigungsgruppe, wie sie die Hybridgruppe bei E–T–A darstellt, ist deshalb nicht möglich.

Innerhalb dieses A&T-Projekts wurde deshalb der Versuch unternommen, unter den Bedingungen einer solch kleinen Fertigungsgruppe neben der Deckung des aktuellen Qualifizierungsbedarfs zur Umsetzung der Projektergebnisse Strategien zur selbständigen Ermittlung des Qualifizierungsbedarfs und Entwicklung entsprechender Qualifizierungsmaßnahmen dauerhaft in der Hybridgruppe zu installieren. Dabei werden - wenn möglich - Elemente verschiedener Qualifizierungskonzepte (z.B. Lernstattkonzepte) aufgegriffen und an die gegebenen Verhältnisse in der Hybridgruppe angepaßt.

Organisatorisch werden die Qualifizierungsaktivitäten durch eine Arbeitsgruppe "Qualifizierung" betreut, die bedarfsorientiert turnusmäßig zusammenkommt. Die Arbeitsgruppe setzt sich aus den Gruppenleitern, Vertretern aus den Produktionsteams und den internen "Qualifikatoren" zusammen. Sie ermittelt den Qualifizierungsbedarf, entwickelt Qualifizierungskonzepte, plant und organisiert die Umsetzung der Konzepte und führt Erfolgskontrollen durch (Abbildung 10.1). Bei Bedarf können auch weitere Beschäftigte der Hybridgruppe hinzugezogen werden (z.B. fachlich besonders geschulte Techniker für spezielle fachliche Schulungsmaßnahmen).

Ein wichtiges Element des Qualifizierungskonzepts war zunächst die möglichst aktive Beteiligung der Beschäftigten am Entwicklungsprozeß des A&T-Projekts. Durch die Einrichtung der Arbeitsgruppe "Qualifizierung" konnte von den Betroffenen gemeinsam das Konzept zur selbständigen Ermittlung des Qualifizierungsbedarfs und Entwicklung entsprechender Qualifizierungsmaßnahmen erarbeitet und bereits an praktischen Beispielen innerhalb des A&T-Projekts erprobt und eingeübt werden.

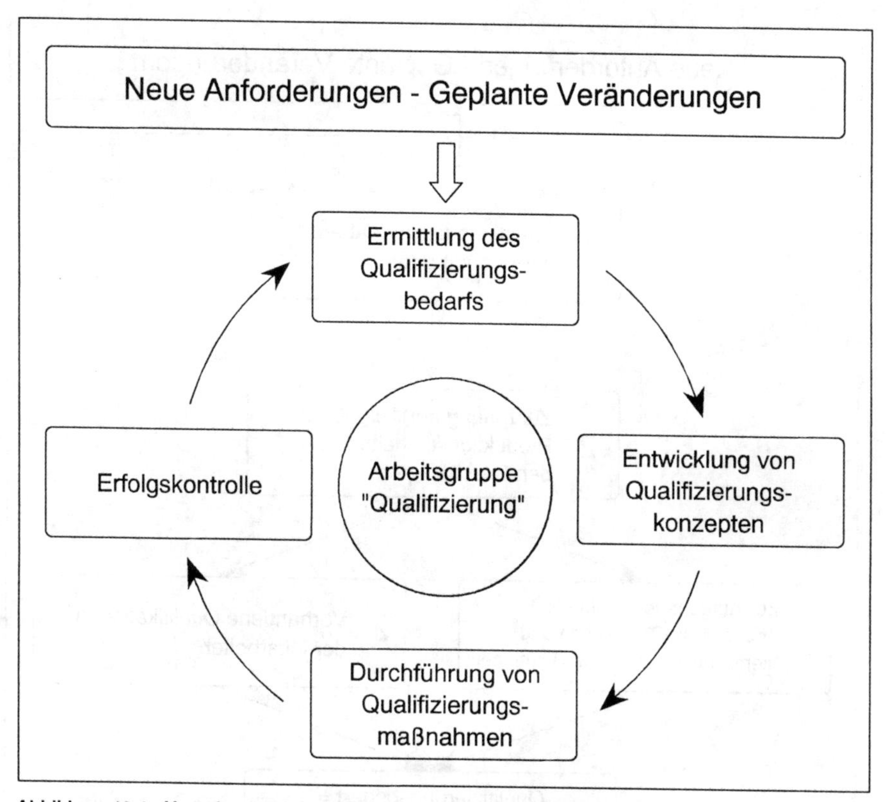

Abbildung 10.1: Vorgehensweise zur Steuerung der Qualifizierungsaktivitäten

Die erste Aufgabe der Arbeitsgruppe war die Ermittlung des Qualifizierungsbedarfs (vgl. Abbildung 10.1). Dabei sollten die vorhandenen Qualifikationen der Beschäftigten berücksichtigt werden, so daß die Qualifizierungsmaßnahmen möglichst individuell darauf aufsetzten konnten. Für die Bedarfsermittlung wurde in der Arbeitsgruppe ein schrittweises Vorgehen entwickelt (Abbildung 10.2):

Im **ersten Schritt** erfolgte vor dem Hintergrund der neuen Organisationsgestaltung und der o.g. Anforderungen die Ermittlung der **Aufgaben** der Hybridgruppe, die für die Produktion und deren Weiterentwicklung erforderlich sind, wie Produktionsplanung und -steuerung, Layout-Entwicklung, Dickschichtdruck, Materialbeschaffung, Qualitätssicherung, aber auch Entwicklung und Durchführung von Schulungsmaßnahmen, usw.

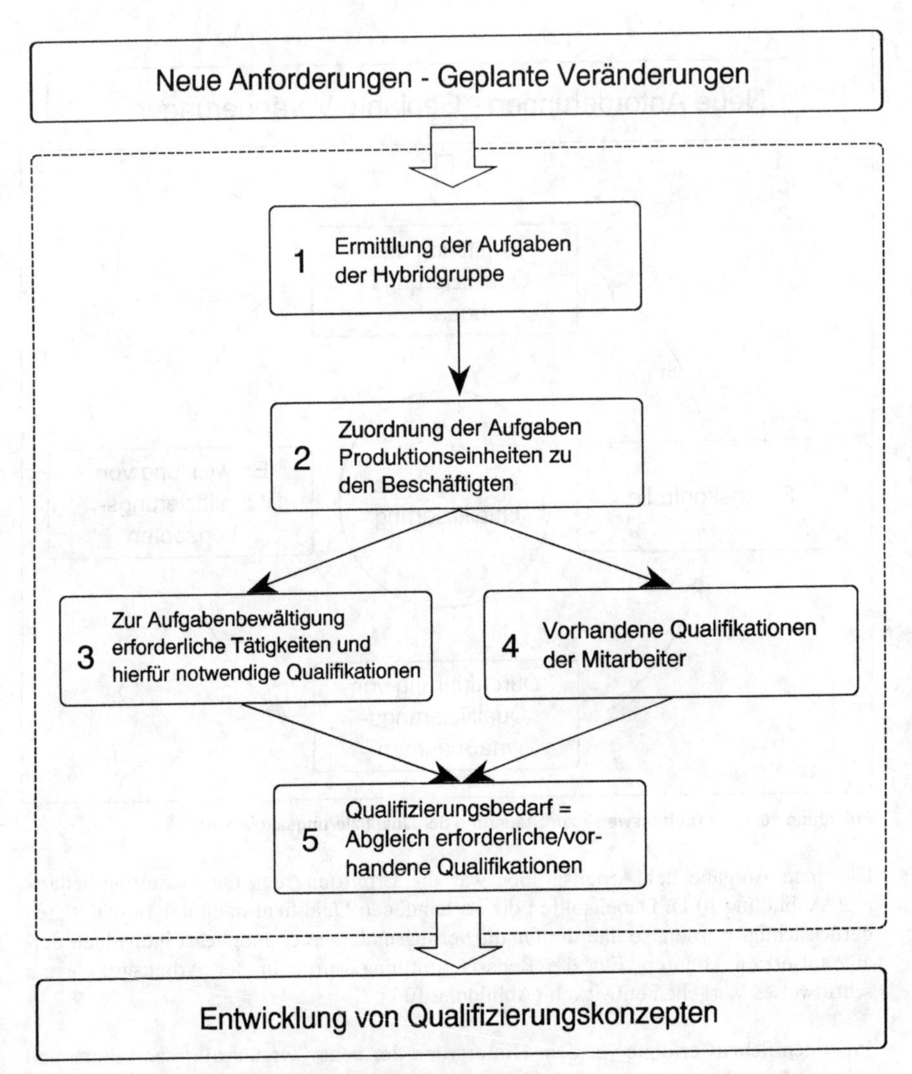

Abbildung 10.2: Schrittweises Vorgehen zur Entwicklung eines angepaßten Qualifizierungskonzepts

Aufgrund des vorgesehenen Organisationskonzepts fallen den verschiedenen Beschäftigtengruppen unterschiedliche Aufgaben zu. Im **zweiten Schritt** werden deshalb die im ersten Schritt ermittelten Aufgaben den Beschäftigtengruppen der Hybridgruppe zugeordnet.

Anschließend bestimmt die Arbeitsgruppe im **dritten Schritt** die **Tätigkeiten**, die für die Bewältigung der Aufgaben erforderlich sind, und die für die Ausführung der Tätigkeiten **erforderlichen Qualifikationen** (Wissen, Können, Erfahrungen, Voraussetzungen).

Die in der Hybridgruppe vorhandenen Qualifikationen sind aufgrund unterschiedlicher Ausbildung und Betriebszugehörigkeit sowie des bisherigen Aufgabenspektrums der Mitarbeiter individuell sehr unterschiedlich. So gehört das Einrichten von Anlagen für die Techniker bisher zur täglichen Arbeit, während diese Tätigkeit für die Angelernten z.T. Neuland darstellt. Aber auch unter den Technikern bzw. den Angelernten bestehen u.a. aufgrund verschiedener Fachqualifikationen teilweise große Unterschiede. Um zunächst den Qualifizierungsbedarf in der Hybridgruppe bestimmen zu können, erfolgt daher im **vierten Schritt** zunächst die Ermittlung der **qualifikatorischen Voraussetzungen** der Personengruppen.

Durch das Abgleichen mit dem Anforderungsprofil aus dem dritten Schritt kann im **fünften Schritt** schließlich der **aktuelle Qualifizierungsbedarf** abgeleitet, und auf dessen Grundlage können bedarfsgerechte, angepaßte **Qualifizierungskonzepte** entwickelt werden.

10.2 Entwicklungsprozeß und Darstellung des Qualifizierungskonzepts

Im Rahmen der Ermittlung des Qualifizierungsbedarfs (vgl. Abbildung 10.2) wurden im wesentlichen folgende Ergebnisse erzielt: Um die Produktion gemäß des in Kapitel 7 dargestellten Fertigungskonzepts durchführen zu können, müssen die Mitarbeiter in der Hybridgruppe in der Lage sein (erster Schritt),

- die Produktion und Zusammenarbeit möglichst effektiv zu koordinieren,
- ihre Arbeit innerhalb der Produktionsteams selbständig und gemeinsam zu planen, zu steuern und durchzuführen,
- möglichst viele Aufgaben, insbesondere auch planende, vorbereitende und lenkende Aufgaben zu beherrschen, so daß innerhalb der Produktionsteams ein flexibler Arbeitseinsatz möglich wird,
- Qualitätsprobleme und Prozeßstörungen möglichst innerhalb der Produktionsteams zu lösen,
- Innovationen und Marktanforderungen frühzeitig zu erkennen und sich weitgehend selbständig darauf einstellen zu können und
- selbständig Qualifizierungsmaßnahmen zu entwickeln und durchzuführen.

Hieraus ergeben sich eine Fülle von konkreten Aufgaben, die im zweiten Schritt unter Berücksichtigung der geplanten Organisationsstrukturen den Personengruppen "Angelernte", "Techniker" und "Gruppenleiter" zugeordnet werden (vgl. Kapitel 7.3):

o **Aufgabenspektrum der Angelernten**

Die Angelernten bilden zusammen mit den Technikern die Produktionsteams, in denen sie als "gemischtes Team" zusammenarbeiten. Dabei führen sie die steuerbereichsinterne Produktionsplanung und -steuerung selbst durch und sind in die übergeordneten Planungen eingebunden. Sie sollen möglichst alle ausführenden und in zunehmendem Maße auch vorbereitende Tätigkeiten sowie Programmier- und Wartungsaufgaben ihres Produktionsteams beherrschen. Dabei ist auf der Basis einer breiten Grundqualifikation eine Spezialisierung für bestimmte Aufgaben oder Anlagen wünschenswert, ohne daß sich hieraus eingeschränktes Spezialistentum entwickelt. Hinzu kommen Aufgaben der Qualitätsprüfung und -lenkung, Problemlösung im Team sowie gegenseitiges Anlernen.

o **Aufgabenspektrum der Techniker**

Die Techniker sind in die Produktionsteams eingegliedert. In Kooperation mit Angelernten und anderen Produktionsteams führen sie die Produktionsplanung (Koordinationsplanung) durch. Sie stehen den Angelernten auf Anfrage für Problemlösungen und schwierige Aufgaben (Programmierung, Maschineneinstellung) zur Verfügung und führen aufwendigere Instandhaltungs- und Reparaturarbeiten durch. Sie bearbeiten Entwicklungsprojekte (Layout-, Verfahrens-, Organisationsentwicklung), entwickeln Schulungskonzepte und führen Qualifizierungsmaßnahmen durch.

o **Aufgabenspektrum der Gruppenleiter**

Die Gruppenleiter nehmen außerhalb der Produktionsteams schwerpunktmäßig echte Führungsaufgaben wahr. Hierzu gehören folgende Aufgaben:

- Betreuung und Information der Produktionsteams
- Menschenführung und Konfliktlösung
- Projektleitung und Entwicklung
- Koordination und Durchführung von Schulungen und Unterweisungen
- Beobachtung des Marktes und Ermittlung der Innovationsmöglichkeiten
- Rückkopplungen mit der Geschäftsleitung und Schnittstellen mit anderen Betriebsbereichen des Unternehmens (insbesondere Elektronik)

Darüber hinaus sollen sie Kunden- und Zuliefererkontakte aufrechterhalten und Verhandlungen führen, sowie die Grobplanung durchführen und dabei erforderliche Eckdaten für die Produktionsplanung festlegen.

Um diese Aufgaben bewältigen zu können, sind (dritter Schritt) für die Personengruppen "Angelernte", "Techniker" und "Gruppenleiter" z.T. verschiedene Qualifikationen erforderlich, die sich drei Qualifikationsebenen zuordnen lassen (vgl. SCHELTEN 1987; SONNTAG, HAMP, REBSTOCK 1987):

o **Sozialkompetenz** aller Beschäftigten ist für die Realisierung qualifizierter Gruppenarbeitsformen von entscheidender Bedeutung. Dabei geht es insbesondere um Schlüsselqualifikationen wie

- Kooperations- und Teamfähigkeit,
- Kommunikations- und Kontaktfähigkeit,
- Teamgeist und reduziertes Konkurrenzverhalten,
- Selbständigkeit und Verantwortungsbewußtsein für die eigene und die gemeinsame Arbeit,
- Verständnis für sozialpsychologische und gruppendynamische Prozesse.

Mit der Veränderung des Aufgabenspektrums ist auch die Entwicklung neuer Rollenbilder und eines neuen Selbstverständnisses auch über den direkten Arbeitszusammenhang hinaus verbunden.

o **Methodenkompetenzen** umfassen folgende Aspekte:

- Techniken und Strategien zur Arbeitsplanung und -steuerung
- Problemlösung und Qualitätslenkung
- Organisationsentwicklung und Software-Gestaltung
- Entwicklung und Durchführung von Qualifizierungsmaßnahmen

Eingeschlossen ist dabei auch der Umgang mit modernen Informations- und Kommunikationstechnologien (PC-Nutzung), die als Planungs- und Dokumentationshilfsmittel zum Einsatz kommen.

Auch diese Fertigkeiten müssen im wesentlichen von allen Mitarbeitern beherrscht werden, wobei je nach Aufgabenstellung Differenzierungen erforderlich sind. So müssen methodisch-didaktische Kenntnisse und Fähigkeiten zur Durchführung von Schulungen vor allem bei den potentiellen Referenten vorhanden sein.

o Die erforderlichen **Fachkompetenzen** orientieren sich am jeweils vorgesehenen Aufgabenspektrum und sind z.T. auf den verschiedenen Hierarchieebenen aber auch innerhalb einer Hierarchieebene unterschiedlich. Die Fachkompetenzen können differenziert nach drei Gruppen zugeordnet werden.

Zunächst sind für alle Mitarbeiter der Hybridgruppe **fachliche Grundkenntnisse** über die gefertigten Produkte, die verwendeten Bauteile, die eingesetzten Anlagen und die angewendeten Fertigungsverfahren erforderlich. Hierzu gehören auch Grundkenntnisse über Anlagen und Verfahren des jeweils anderen Produktionsteams. Diese Grundkenntnisse sind Voraussetzung für die Beurteilung von Produktionssituationen und für eigenverantwortliches Handeln.

Zur zweiten Gruppe gehören die Fähigkeiten zur **Beherrschung der verschiedenen Arbeitsgänge**. Angestrebt wird, daß alle Mitglieder eines Produktionsteams alle innerhalb ihres Steuerbereichs anfallenden Arbeitsgänge ausführen können, da hierdurch ein Höchstmaß an Flexibilität und Belastungsabbau erreichbar ist. Qualifizierte Produktionsarbeit kann aber begrenzt bereits durchgeführt werden, wenn zunächst jeder Mitarbeiter nur einige Arbeitsgänge seines Fertigungsabschnitts beherrscht. Es ist somit möglich, zunächst qualifizierte Produktionsarbeit in Teams mit nur partiell qualifizierten Mitarbeitern zu beginnen und schrittweise durch verschiedene Qualifizierungsmaßnahmen das angestrebte Qualifikationsniveau zu erreichen.

Die dritte Gruppe von Fachkompetenzen umfaßt **Spezialkenntnisse und spezielles Erfahrungswissen** für bestimmte Fragestellungen. Diese "flexible Spezialisierung" können einzelne Beschäftige durch Engagement z.T. unter Einsatz ihrer jeweiligen Fachausbildung erwerben. Diese Spezialisten können bei schwierigen Problemlösungen hinzugezogen werden und ihr Fachwissen in verschiedenen Formen der Qualifizierung (s.u.) weitergeben.

Diesen Qualifikationsanforderungen stehen die in der Hybridgruppe bereits erworbenen Qualifikationen gegenüber. Über die beherrschten Fachkompetenzen geben u.a. die Befragungen der Beschäftigten aus der Zwischenphase (vgl. Kapitel 5.2.1) und zu Beginn der Hauptphase Auskunft. Die vorhandenen Methoden- und Sozialkompetenzen der Mitarbeiter der Hybridgruppe können zudem auch aus den individuellen Erfahrungen in und außerhalb der Hybridgruppe abgleitet werden.

Die **Gruppenleiter** und **Techniker** besitzen eine technische Berufsausbildung oder ein Fachhochschulstudium im Bereich Metallverarbeitung, Fahrzeugtechnik oder Elektronik. Die meisten sind schon seit einigen Jahren in der Hybridgruppe tätig und haben Fachkenntnisse und Erfahrungen erworben. Durch ihre Vorbereitungs-, Programmier-, Einricht-, Wartungs- und Reparaturtätigkeiten bestehen bereits fachliche Spezialisierungen für einzelne Produktionsanlagen oder bestimmte Aufgaben (Layoutentwicklung, Qualitätssicherung, Endkontrolle).

Die Angelernten besitzen in der Regel eine abgeschlossene, nichttechnische Berufsausbildung. Die Zeitspanne der Zugehörigkeit zur Hybridgruppe und damit Art und Größe des erworbenen Wissens ist zwischen den Angelernten sehr unterschiedlich. Einige langjährige Mitarbeiterinnen haben sich durch Engagement ein breites Spektrum an Fachwissen und Erfahrung mit einzelnen Spezialisierungen erarbeitet, das denen der Techniker z.T. vergleichbar ist. Angelernte, die erst seit kurzer Zeit in der Hybridgruppe arbeiten, sind dagegen zunächst nur zur Bedienung einzelner, vorbereiteter Anlagen in der Lage.

Neue Mitarbeiter wurden bisher von den Technikern und auch erfahrenen Angelernten eingewiesen, so daß sie auch begrenzte Erfahrungen bei der Qualifizierung von Mitarbeitern erworben haben.

Aus dem schrittweisen Aufbau der Hybridgruppe und den Projekten der Vor- und Zwischenphase resultierten begrenzte Erfahrungen mit Entwicklungsprozessen. Insbesondere die Angelernten wurden dabei aber kaum einbezogen (mit Ausnahme der Zwischenphase).

Durch Produkt- und Verfahrensentwicklungen, Musterproduktionen und Versuche wurden insbesondere durch die Gruppenleiter und die Techniker Techniken und Strategien zur Problemlösung entwickelt. Aus diesen Erfahrungen resultiert eine in der Hybridgruppe ausgeprägte Bereitschaft zum Lernen und zur aktiven Beteiligung an Lern- und Entwicklungsprozessen.

Beobachtungen und Befragungen zeigten aber auch allgemeine Qualifikationsdefizite, insbesondere bei den Sozialkompetenzen auf. So kam es immer wieder zu Konflikten zwischen Gruppenleitern und Technikern auf der einen und den Angelernten auf der anderen Seite sowie zwischen den Angelernten. Diese Konflikte standen im Zusammenhang mit einem starren, geschlechtsspezifischen Rollenverständnis mit der Beharrungstendenz zum Erhalt des erreichten Sozial- und Expertenstatus und einem stark personal orientierten Fehlerursachenverständnis.

Durch Abgleich der erforderlichen mit den vorhandenen Qualifikationen wurde der aktuelle Qualifizierungsbedarf für die Mitarbeiter der Hybridgruppe ermittelt. Dabei waren folgende Grundzüge erkennbar:

- In der Hybridgruppe besteht bei verschiedenen Mitarbeitern ein großes Potential an Fachwissen und Erfahrung für einzelne Aufgaben, während dieses bei anderen Mitarbeitern (insbesondere Angelernten) zur Realisierung qualifizierter Produktionsarbeit in Teams nicht in ausreichendem Maße vorhanden ist. Dies gilt insbesondere für Fachwissen über Produkte, Bauteile, Verfahren und Anlagen, sowie für die Beherrschung von planenden, vorbereitenden, programmierenden, einrichtenden Aufgaben an verschiedenen Anlagen.
- Während alle Mitarbeiter in ähnlicher Weise ständig über aktuelle Grundinformationen für Produkte, Bauteile, Verfahren und Anlagen verfügen müssen, ist der Qualifizierungsbedarf für die Beherrschung von Aufgaben individuell sehr unterschiedlich und muß deshalb je nach Aufgabenspektrum im Einzelfall geprüft werden (s.u.).
- Alle Mitarbeiter müssen zur sicheren Handhabung von Planungs- und Steuerungsinstrumenten die erforderlichen Techniken und Strategien erlernen und einüben.
- Angesichts der o.g. sozialen Probleme und den bei der qualifizierten Produktionsarbeit in Gruppen erforderlichen Kooperationsformen müssen alle Mitarbeiter der Hybridgruppe geeignete Sozialkompetenzen erwerben.
- Während Fachkompetenzen durch gegenseitige interne Qualifizierung vermittelt werden können, sind zur Ausbildung weiterer Methoden- und Sozialkompetenzen zunächst externe Inputs erforderlich.

Um auf diesen Qualifizierungsbedarf flexibel eingehen und in den Produktionsablauf integrieren zu können, wurde für das entwickelte Qualifizierungskonzept ein modularer Aufbau gewählt, wobei die Qualifizierungsbausteine je nach den aktuellen Anforderungen ergänzt und weitergeführt werden sollen. Folgende Bausteine wurden zunächst zur Deckung des aktuellen Bedarfs vorgesehen:

Grundwissen	Baustein 1	Produkte
	Baustein 2	Bauteile
	Baustein 3	Verfahren
Beherrschung von Tätigkeiten	Baustein 4	Ausführende Tätigkeiten
	Baustein 5	Vorbereitende Tätigkeiten
Methodische Fähigkeiten	Baustein 6	EDV-Benutzung
	Baustein 7	Mitgestaltung von EDV-Systemen
	Baustein 8	Arbeitsplanung in der Gruppe
	Baustein 9	Probleme lösen, z.B. Prozeßbeherrschung, Qualitätssicherung
	Baustein 10	Durchführung von Schulungen, Moderation

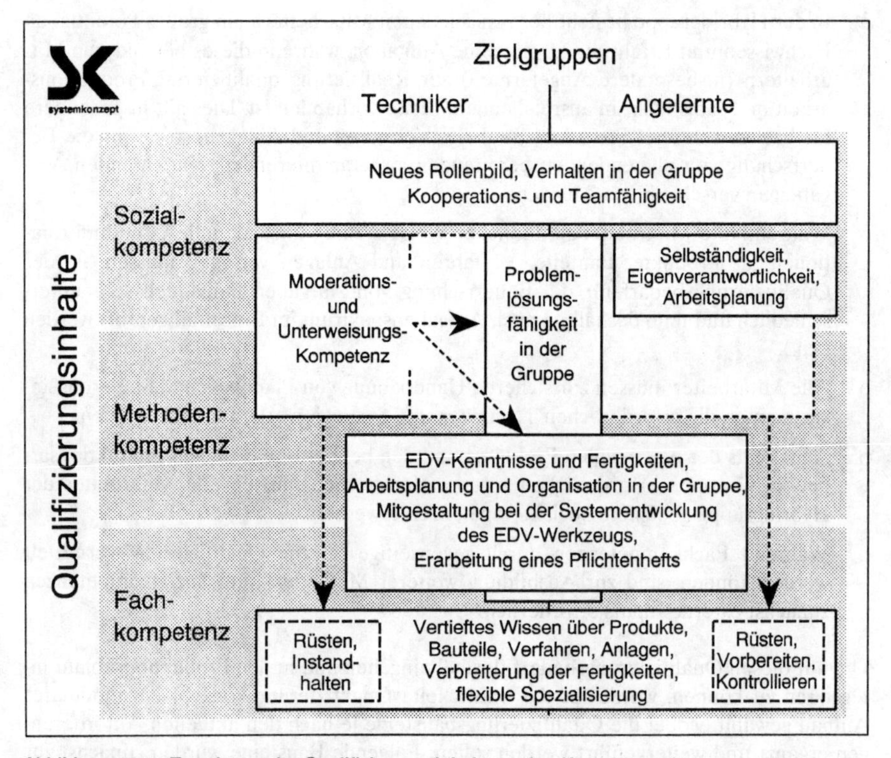

Abbildung 10.3: Zuordnung der Qualifizierungsinhalte zu den Kompetenzebenen

Separate Bausteine zur Sozialkompetenz wurden nicht vorgesehen, da in jedem der fachlichen und methodischen Qualifizierungsbausteine soziale Aspekte thematisiert und eingeübt werden sollen. In Abbildung 10.3 ist diese Zuordnung der Qualifizierungsinhalte zu den Kompetenzebenen dargestellt.

Eine effektive Durchführung der Qualifizierungsmaßnahmen muß sich dabei an den Leitlinien der Erwachsenenbildung und der Arbeitspädagogik (Schelten 1987, S. 198 ff) orientieren:

- Übergreifende Qualifikationen (Sozial-, Methodenkompetenzen) sollen anhand konkreter berufsspezifischer Inhalte gefördert werden.
- Qualifizierung soll möglichst produktionsnah stattfinden (z.B. am Arbeitsplatz).
- Qualifizierungsmaßnahmen müssen an Wissen und Erfahrung des/der Lernenden anknüpfen.
- Selbstorganisiertes Lernen soll an ganzheitlichen, komplexen Aufgaben stattfinden.

Die Vermittlung der Qualifizierungsinhalte erfolgt je nach Produktionsnähe in drei verschiedenen Lernformen:

- **Theoretische Schulung**

  Diese Lernform eignet sich insbesondere für grundlegendes Fachwissen, das alle Mitarbeiter besitzen müssen (z.B. Grundwissen über die aktuell gefertigten Produkte, die dabei verarbeiteten Bauteile und die angewendeten Verfahren). Solche Schulungen können in Gruppen (ggf. alle Mitglieder der Hybridgruppe) von einem der "Spezialisten" der Hybridgruppe durchgeführt und darin praktische Übungen integriert werden (z.B. Bestimmen und Sortieren einer gemischten Sammlung von Bauteilen im zweiten Qualifizierungsbaustein "Bauteile"). Weitere Umsetzungsmöglichkeiten des Gelernten in der Produktionspraxis sind in Abstimmung mit anderen Lernformen vorzusehen.

- **Schulung am Arbeitsplatz**

  Erfahrene Mitarbeiter vermitteln hier ihren Kollegen ihre Kenntnisse und Erfahrungen für die Durchführung bestimmter Aufgaben. Das kann als Partnerlernen oder auch in Kleingruppen geschehen. Dabei spielt neben dem praktischen Üben das umfassende Verständnis für die Ausführung der Arbeit eine wichtige Rolle. Nur so kann das eigene Tun eingeschätzt und selbständiges Arbeiten erreicht werden.

- **Lernen in der Arbeitsgruppe**

  Um optimierte Ergebnisse für spezielle Fragestellungen und einen komplexen Lernprozeß zu erreichen, erfolgt eine Zusammenführung verschiedener Kenntnisse und Erfahrungen der Teilnehmer in Arbeitsgruppen.

Lernen in der Arbeitsgruppe findet zunächst in den Produktionsteams, z.B. bei der gemeinsamen Produktionsplanung und -steuerung, statt. Zudem können bei bestimmten Problemlagen die jeweiligen "Spezialisten" in den Produktionsteams hinzugezogen werden.

Weitere Möglichkeiten des Lernens in der Arbeitsgruppe bestehen in übergeordneten Ad-hoc-Arbeitsgruppen für übergeordnete Problemstellungen (z.B. größere Produktionsstörungen, Qualitätssicherung) sowie in Arbeitsbesprechungen (z.B. Abstimmungsplanungen, Diskussion neuer Entwicklungen, Planspiele).

Zur Durchführung von Qualifizierungsmaßnahmen waren einige räumliche und arbeitsorganisatorische Voraussetzungen zu schaffen. So mußten für produktionsexterne Qualifizierungsmaßnahmen (theoretische Schulungen, Arbeitsbesprechungen) ein Raum mit der erforderlichen technischen Ausstattung (Flip Chart, Overhead-Projektor, Stühle, Tische usw.) und im Produktionsablauf genügend Zeit für Schulungsmaßnahmen zur Verfügung gestellt werden. Hierfür wurde im Produktionsablauf eine wöchentlich stattfindende "Qualifizierungsstunde" eingerichtet.

Für das Lernen am Arbeitsplatz und Partnerlernen während der Produktion müssen sowohl genügend Zeit, als auch kommunikationsfreundliche Arbeitsstrukturen und ausreichende Handlungsspielräume zur Verfügung stehen. Dies ist durch die Arbeit in selbstplanenden und -steuernden Arbeitsgruppen gegeben, muß allerdings zusätzlich durch die Gruppenleiter unterstützt und bei der Simulation der Produktion berücksichtigt werden (vgl. Kapitel 9, Streckungsfaktor).

10.3 Umsetzungsbeispiele

Hauptanliegen des Qualifizierungskonzepts innerhalb des A&T-Projekts war - wie oben bereits gesagt - nicht die Durchführung jeder Einzelqualifizierungsmaßnahme des Bausteinkonzepts. Im Zentrum stand vielmehr die Installierung des Qualifizierungskonzepts zur Selbstqualifizierung in die Hybridgruppe. Wie dies geschehen kann, wird in den folgenden Beispielen deutlich.

Grundwissen über die in der Hybridgruppe gefertigten Produkte, die verarbeiteten Bauteile, die Verfahren, Maschinen und Anlagen, mit denen die Produkte gefertigt werden, ist eine entscheidende Voraussetzung für die Umsetzung des Konzept der qualifizierten Produktionsarbeit. Nur so können die Mitarbeiter Prozeßsituationen überschauen, bewerten und daraus selbständig Schlüsse für ihr Handeln ziehen.

Durch Neuaufträge ist ständig damit zu rechnen, daß neue Produkte gefertigt und neue Bauteile verarbeitet werden müssen. Es liegt nahe, diese Qualifizierung bedarfsgerecht durch die Mitarbeiter selbst durchführen zu lassen. Dies erfordert die Qualifizierung einiger Mitarbeiter zur Vorbereitung und Durchführung solcher Schulungen. Voraussetzung für die Durchführung der Qualifizierungsbausteine 1 und 2 ist somit der Baustein 10 "Durchführung von Schulung, Moderation".

Für die Durchführung der Schulungen sind insbesondere die Gruppenleiter und die Techniker mit speziellem Fachwissen und frühem Einblick in zu erwartende Entwicklungen geeignet. Mit diesen wurden zunächst die Grundbegriffe des Lernens und Vermittelns sowie die Vorbereitung der Schulungen und der Einsatz von Medien erarbeitet und diskutiert.

Anhand der o.g. Anforderungen erfolgte anschließend die Entwicklung von Katalogen mit den zu vermittelnden Inhalten für die Produkt- und Bausteinkunde. Zur Orientierung und schriftlichen Zusammenfassung wurden Formblätter erstellt, die den Referenten eine einfache Erarbeitung der wesentlichen Inhalte erleichterten. Die schriftlichen Zusammenfassungen wurden anschließend den Mitarbeitern zur freien Einsichtnahme bereitgestellt.

Gegenstand der Produktkunde sind z.B. folgende Fragen:

- Name der Schaltung (Bezeichnung, interner Kurzname)?
- Wer ist der Kunde?
- Welche Funktion hat das Endprodukt, in das die Hybridschaltung eingebaut wird?
- Welche Funktion übernimmt die Hybridschaltung im Endprodukt?
- Was kostet die Hybridschaltung?
- Welche Bauteile werden für die Hybridschaltung verwendet?
- Welche Besonderheiten sind bei der Fertigung zu beachten?
- Wie groß ist der Auftrag? Mit welcher Auftragsgrößenordnung ist in Zukunft zu rechnen?

Die so erarbeiteten Inhalte wurden dann in den Schulungen allen Mitarbeitern der Hybridgruppe vermittelt. Zum Abschluß bestand die Möglichkeit, weitere Fragen und Probleme zu diskutieren.

Zur interessanten Vermittlung der Qualifizierungsinhalte wurden darüber hinaus methodisch-didaktische Präsentationsmöglichkeiten erarbeitet sowie Moderationstechniken vermittelt und eingeübt.

Die Qualifizierungsmaßnahmen zur Produkt- und Bauteilkunde führten von Beginn an Techniker der Hybridgruppe durch. Dabei wurden sie in der Vorbereitung unterstützt. Nach den Schulungen fand eine Aufarbeitung der Probleme und Verbesserungsmöglichkeiten statt.

Für die gezielte Vermittlung von ausführenden und vorbereitenden Tätigkeiten mußte zunächst der individuelle Qualifizierungsbedarf ermittelt werden. Das kann schrittweise in Anlehnung an den Ablauf in Abbildung 10.2 geschehen:

Erster Schritt:	Ermittlung aller Aufgaben, die für einen Produktionsschritt erforderlich sind wie Planung, Vorbereitung, Programmierung, Bereitstellung, Prüfung, Störungsbeseitigung usw.
Zweiter Schritt:	Festlegung, wer welche Aufgabe wahrnehmen soll
Dritter Schritt:	Ableitung aller Tätigkeiten (Handgriffe, Überlegungen usw.), die für die Bewältigung der Aufgaben erforderlich sind und Ermittlung der für die Ausführung der Tätigkeiten erforderlichen Qualifikationen (Wissen, Können, Erfahrungen, Voraussetzungen)
Vierter Schritt:	Bestimmung der bei den Mitarbeitern vorhandenen Qualifikationen
Fünfter Schritt:	Ermittlung des verbleibenden Qualifizierungsbedarfs durch Abgleich der erforderlichen mit den vorhandenen Qualifikationen

Die Berücksichtigung dieses Ablaufschemas hilft insbesondere, die erforderlichen Methodenkompetenzen zu berücksichtigen, die sonst leicht übersehen werden und dann später zu Überforderung führen können. Anhand des ermittelten Qualifizierungsbedarfs kann anschließend ein auf den qualifikatorischen Voraussetzungen der Adressaten aufbauendes Qualifizierungskonzept (Lehr-, Übungseinheiten usw.) entwickelt werden. Da eine wirkungsvolle Qualifizierung praxisorientiert sein und an den Erfahrungen und Kenntnissen der einzelnen Lernenden anknüpfen muß (s.o.), ist in der Regel die Durchführung am Arbeitsplatz durch Partnerlernen mit einzelnen Mitarbeitern oder in Kleingruppen sinnvoll. Teilweise wurden aber auch schriftliche Handlungsanleitungen erarbeitet, die selbstgesteuertes Lernen ermöglichen und bei Unklarheiten oder Störungen zum Nachschlagen zur Verfügung stehen.

Die Vermittlung der **Methodenkompetenz** wurde insbesondere durch die enge Einbindung der Beschäftigten der Hybridgruppe in die Entwicklungsprozesse des A&T-Projekts erreicht. Erklärtes Ziel war dabei, die Hybridgruppe dazu zu befähigen, die Entwicklungsprozesse auch über die Laufzeit des A&T-Projekts hinaus weiterführen und so den an sie gestellten Anforderungen aktiv begegnen zu können.

Für die verschiedenen Arbeitspakete des A&T-Projekts erfolgte zunächst so weit wie möglich mit den Beschäftigten gemeinsam in Arbeitsgruppen eine Erarbeitung von Vorgehensweisen. Diese wurden anschließend in überschaubare Ablaufschritte zerlegt und übersichtlich auf Wandzeitungen und in Protokollen dokumentiert. In einigen Fällen fand anschließend eine Anleitung zur Erprobung der entwickelten Konzepte statt, die die Beschäftigten der Hybridgruppe selbst durchführten. In anderen Fällen setzte die Hybridgruppe bereits ohne externe Anleitung Maßnahmen und Erprobungen direkt um.

Folgende Arbeitsbereiche wurden so erarbeitet:

o Konzepte zur Arbeitsorganisation (siehe Kapitel 7)

o Konzepte zur Produktionsplanung und -steuerung (siehe Kapitel 8)

o Anforderungen an ein Hilfsmittel (Simulation) zur Produktionsplanung und -steuerung ("Erweitertes, soziales Pflichtenheft") (siehe Kapitel 8 und Kapitel 9)

o Problemlösungsstrategien bei Produktionsstörungen

o Strategien zur Qualitätssicherung (Prüfung, Lenkung, Dokumentation) (siehe Kapitel 11, insbesondere Kapitel 11.2)

o Strategien zur Reduzierung der Belastung durch Gefahrstoffe (siehe Kapitel 13)

o Strategien zur Reduzierung der Belastung durch Mikroskoparbeit (siehe Kapitel 7 und Kapitel 8)

Die **Sozialkompetenz** der Beschäftigten der Hybridgruppe wurde neben der o.g. Moderations- und Unterweisungskompetenz durch Rollen- und Planspiele zur Problemlösung in der Gruppe (Baustein 9) und zur Produktionsplanung und -steuerung sowie zur Arbeitsverteilung (Baustein 8, siehe auch Kapitel 7 und Kapitel 8) eingeübt.

In den Rollen- und Planspielen wurden Problemsituationen vorgegeben, die nur durch gemeinsames Handeln im Team zu bewältigen waren. Dabei konnte jeder Teilnehmer seine spezifischen Fähigkeiten und Fertigkeiten zur Problemlösung einbringen. Das Erlebnis des gemeinsamen, erfolgreichen Handelns, die anschließende Analyse des Rollenspiels und seine Übertragung auf die Wirklichkeit der Hybridproduktion konnten dazu beitragen, das bisher festgefügte hierarchische Rollenverständnis hin zu einer partnerschaftlichen Zusammenarbeit weiterzuentwickeln.

10.4 Erfahrungen und Ausblick

Qualifikationsentwicklung ist einerseits generell ein langfristiger, dauerhafter Prozeß. Insbesondere bei erfahrungsorientiertem "learning by doing" am Arbeitsplatz und bei komplexen Lerninhalten benötigen Lernprozesse viel Zeit. Andererseits ist aufgrund der Dynamik des betroffenen High-Tech-Bereichs ein hohes Maß an Flexibilität erforderlich, um die Qualifikationen frühzeitig an die wechselnden Anforderungen anzupassen. In diesem Spannungsfeld war ein Weg zu finden, bei dem die Beschäftigten möglichst frei von Belastungen wie Streß und Überforderung lernen und arbeiten können.

Es waren deshalb möglichst produktionsnahe lernförderliche Arbeitsstrukturen zu entwickeln (vgl. Kapitel 7). Dabei war zu berücksichtigen, daß die Möglichkeiten der Qualifikationsentwicklung insbesondere bei den Angelernten begrenzt und von einigen Faktoren abhängig sind.

Zunächst müssen für eine dauerhaft positive Lernbereitschaft möglichst druckfreie, gesicherte Rahmenbedingungen vorhanden sein. Dies beinhaltet auch die ausdrückliche Erlaubnis zum Fehlermachen ohne Folgen. Die Verantwortung für das Arbeitsergebnis darf erst auf die Lernenden übertragen werden, wenn sie die jeweilige Tätigkeit beherrschen. Das kann auch schrittweise für Teiltätigkeiten geschehen. Qualifizierungsbedarf muß deshalb möglichst frühzeitig ermittelt und durch Qualifizierungsinitiativen aufgefangen werden, damit die Lernphasen nicht unter Zeitdruck stehen.

Beachtet werden müssen darüber hinaus individuelle Unterschiede im Leistungs- und Lernvermögen und die jeweiligen persönlichen Situationen. In der ländlich-konservativen Region verfolgen die meisten Frauen (die Angelernten der Hybridgruppe sind ausschließlich Frauen) ihre berufliche Karriere bis zur Heirat oder dem ersten Kind. Je nach persönlicher Perspektive sind deshalb Bereitschaft zu beruflichem Engagement und Aufstiegswille unterschiedlich ausgeprägt. Es muß deshalb für jede Angelernte ein individuell abgestimmtes Qualifizierungsprogramm durchgeführt werden (vgl. FREI 1993). Hierzu eignet sich eine regelmäßig zusammenkommende Arbeitsgruppe (s.o.), die mit jedem Mitarbeiter und jeder Mitarbeiterin das individuelle Qualifizierungsprogramm ermittelt.

Das Ziel, einheitlich hoch qualifizierte Produktionsteams zu bilden, wie es bei zahlreichen Fertigungsinselkonzepten angestrebt wurde, ist zumindest unter den hier gegebenen Bedingungen nicht realisierbar, wenn nicht sogar prinzipiell fragwürdig. Vielmehr scheinen in der Praxis insbesondere solche Konzepte erfolgversprechend zu sein, die die Zusammenarbeit von Mitarbeitern mit individuell angepaßten Qualifikationsentwicklungswegen und unter Berücksichtigung des unterschiedlichen Qualifikationsstands in einem Produktionsteam ermöglichen.

Werden diese Faktoren nicht ausreichend beachtet, so empfinden die Angelernten bereits in einem frühen Entwicklungsstadium erhöhten Leistungsdruck und verweigern aus Sorge vor weiter steigenden Anforderungen die Bereitschaft für weitere Qualifizierungsmaßnahmen.

Die o.g. Aspekte machen deutlich, daß die Investition in die Qualifikationsentwicklung der Beschäftigten für den Erfolg flexibler, innovativer und kooperativer Arbeitsformen von entscheidender Bedeutung sind. Nur mit gut qualifizierten und motivierten Mitarbeitern können neue Anforderungen flexibel und gezielt bewältigt werden. Die im Rahmen der verschiedenen Entwicklungsprozesse dieses A&T-Projekts bisher erzielten Effekte wären ohne die beschriebenen gezielten Qualifizierungsinitiativen nicht erreichbar gewesen.

Weitere Effekte sind durch die Fortführung der Umsetzung des entwickelten Qualifizierungskonzepts zu erwarten.

11 Qualitätssicherung in der Arbeitsgruppe

11.1 Aufbau eines Dokumentationssystems zur Qualitätssicherung

Zur Erweiterung der Arbeitsinhalte und Übernahme von Verantwortung wurde ein Teil der Qualitätssicherungsaufgaben aus der zentralen Endprüfung an die Arbeitsplätze der Hybrid-Fertigung zurückverlagert. Um qualitätslenkend eingreifen zu können, sollte die Qualitätsprüfung in den einzelnen Arbeitsschritten erfolgen. Jeder Mitarbeiter sollte nur solche Produkte weitergeben, von denen er weiß, in welchem Qualitätszustand sie sind. Dies sollte vom Mitarbeiter auch dokumentiert werden.

Unterstützt wurde die Übertragung von Qualitätssicherungsaufgaben in die Fertigungsabschnitte durch organisatorische Änderungen. Durch die Einbindung eines Mitarbeiters aus dem Bereich "Endprüfung" in die Hybridgruppe konnte die Qualitätskontrolle bereits in der Fertigung sowie beim Wareneingang und -ausgang vorgenommen werden.

Innerhalb der Hybridgruppe und während der Arbeitszeit wurden die Mitarbeiter über die Themen "Was ist Qualität?" und "Qualitätskosten" unterrichtet (vgl. Kapitel 10). Zur Erstellung eines Dokumentationssystems wurden zusammen mit den Mitarbeitern Dokumentationskriterien erarbeitet. Wesentlich erschien den Mitarbeitern die Berücksichtigung von einfachen, wenig zeitaufwendigen Arbeitsschritten zur Dokumentation sowie die Anonymisierung der Daten im Hinblick auf die Zuordnung von Ausschußraten auf Mitarbeiter, um eine Leistungsüberwachung auszuschließen.

Zunächst wurden versuchsweise für eine Schaltung die Ausschußrate und die Art der Fehler pro Fertigungsschritt mit Hilfe von Prüfprotokollen dokumentiert und anschließend die Nutzbarkeit der gewonnenen Informationen diskutiert.

Die Inhalte der Prüfpläne werden beispielhaft in Übersicht 11.1 dargestellt.

Die Mitarbeiter füllten die Prüfprotokolle aus. Es wurden Ansätze zur Fehleranalyse erstellt und Dokumentationskriterien erarbeitet. Nicht nur die einzelnen Arbeitsschritte wurden in der Dokumentation aufgenommen, sondern auch die Maschinen, die die jeweiligen Chargen produziert hatten.

Durch die Dokumentation der Chargen mit Hilfe eines dBase-gestützten Dokumentationssystems direkt am Arbeitsplatz wurde die Rückverfolgbarkeit bei Qualitätsproblemen wesentlich erleichtert.

Das Dokumentationssystem wurde aufgebaut und eine interne, rechnergestützte Nutzung der Dokumentation begonnen.

Übersicht 11.1: Exemplarische Darstellung eines Prüfplans

Prüfplan für die Hybridschaltung "Fü 24"	
Fertigungsschritt vor Prüfvorgang	Bezeichnung des Prüfprotokolls
Nach dem ersten Drucken wird die Anzahl der gedruckten Schaltungen festgestellt und gleich 100 % gesetzt	
1. "1. Leiterbahn"	"Optische Kontrolle nach Druckvorgang": 100 % optische Kontrolle
2. "1. und 2. Isolation", "2. Leiterbahn"	"Optische Kontrolle nach Druckvorgang": 100 % optische Kontrolle
3. Trimmen	"Widerstandsabgleich" und Laserausdruck
4. "Lotdrucken", "SMD-Bestücken" und "Ritzen"	"Optische Kontrolle Lötstelle": 100 % optische Kontrolle
5. "IC-Bestücken" und "Bonden"	"Bonden": 100 % optische Kontrolle
6. "Verkapseln" und "Vereinzeln"	"Elektrische Vorprüfung": Ausschuß zählen
7. "Anschlüsse aufstecken" und "Löten"	"Optische Endkontrolle": 100 % optische Endkontrolle
8. Optische Endkontrolle	"Elektrische Endkontrolle": 100 % Funktionsprüfung
Anzahl gute Schaltungen	
Bemerkungen	

Es wurde eine statistische Endauswertung mittels PC erstellt, die über ein Datenbankprogramm alle Daten der Produktion berücksichtigte. Das dBase-gestützte CAQ-Dokumentationssystem (Computer Aided Quality Assurance) wurde von den E–T–A-Mitarbeitern selbständig entwickelt. Unter Zuhilfenahme dieses Programms wurden alle relevanten Qualitätsdaten an den einzelnen Arbeitsplätzen erfaßt. Durch Zwischenauswertungen erfolgte bereits eine Qualitätskontrolle und -steuerung während des Prozesses.

Das von den Mitarbeitern selbst entwickelte System befriedigte die Ansprüche völlig und wurde von den Mitarbeitern voll akzeptiert. Die positiven Erfahrungen mit diesem System machten die Einführung eines CAQ-Standardprogramms unnötig.

Bald zeigte sich, daß die Mitarbeiter zwar Aufschreibungen über die gefertigten Stückzahlen durchführten, jedoch wurde nicht analysiert, warum Fehler gemacht wurden und welche Ursachen der Ausschuß hatte. Dies stellte sich als Defizit im Verständnis der Zusammenhänge bei den Beschäftigten heraus. Zunehmend wurde deutlich, daß weniger eine Qualitätssicherung als eine Qualitätslenkung (durch Prüfung und Prozeßoptimierung vor Ort) das Ziel der angestrebten Qualitätssicherungsmaßnahmen war.

Die Effektivität einer solchen "Qualitätssicherung direkt am Arbeitsplatz" ist größer als die einer zentralen Endprüfung. Die Qualitätssicherung direkt am Arbeitsplatz ermöglicht bei einer entsprechenden Qualifizierung der Mitarbeiter das unmittelbare Erkennen und Beseitigen von Fehlern, und zwar bevor es zu größeren Ausschußmengen kommt.

Die Anforderungen an das Qualitätssicherungssystem wurden weiter konkretisiert und das Dokumentationssystem weiter entwickelt.

11.2 Qualifizierung zur Qualitätssicherung

Die Übertragung von Qualitätssicherungstätigkeiten auf Mitarbeiter der Hybrid-Fertigung erforderte eine umfangreiche Qualifizierung der Mitarbeiter zur Qualitätssicherung. Ziel war das im Sinne der Selbstprüfung eigenständige Feststellen, wo Qualitätsmängel liegen sowie die Ergreifung der notwendigen Maßnahmen zur Behebung.

Die Qualifizierung war praxisnah, z.T. durch Unterweisung am konkreten Produktionsbeispiel am Arbeitsplatz, gestaltet. Mit den Beschäftigten wurden beispielsweise Möglichkeiten diskutiert, welchen Einfluß die Mitarbeiter auf die Vermeidung sowie die Behebung von Qualitätsmängeln haben.

Qualifizierung wurde bei E-T-A so verstanden, daß Handlungsanleitungen gegeben, Arbeitsgänge schrittweise aufgebaut und mögliche Fehler schrittweise erklärt wurden. Wesentlich war der Prozeß und die Prozeßkontrolle, d.h. das Erkennen aller von der Norm abweichenden Produktmerkmale durch den Mitarbeiter.

Die Qualifizierung der Mitarbeiter der Hybridgruppe zu Tätigkeiten aus dem Bereich Qualitätssicherung erfolgte während der Arbeitszeit arbeitsplatzbezogen als Training-on-the-job. Zunächst wurden die Mitarbeiter auf konkrete Qualitätsmängel und -fehler aufmerksam gemacht, die anschließend mit einem bereits qualifizierten Kollegen (Partnerlernen) oder dem Gruppenleiter direkt besprochen und schließlich gemeinsam behoben wurden.

Die Mitarbeiter wurden schrittweise angelernt, Qualitätsfehler direkt am Arbeitsplatz, zum Beispiel am Bestücker, zu erkennen und zu dokumentieren. Die fehlerhaften Produkte wurden direkt aussortiert.

Für die praxisnahe Qualifizierung der Mitarbeiter wurde während der Lernphase teilweise Ausschuß bewußt in Kauf genommen, um ihnen Qualitätsmängel vor Ort anschaulich darstellen, erklären und gemeinsam Maßnahmen zur Qualitätssicherung entwickeln zu können.

Die Durchführung der Qualifizierung zur Qualitätslenkung erfolgte auch mit Hilfe von Fotos und Grafiken, auf denen gute und qualitätsgefährdende Produktionsergebnisse abgebildet und erläutert waren. Abbildung 11.1 zeigt einen Ausschnitt aus einer Qualifizierungsschrift zur Handhabung des Chip-Klebers und Beurteilung des Klebeergebnisses. Die Mitarbeiter konnten selber erkennen, wenn ein Fehler auftrat.

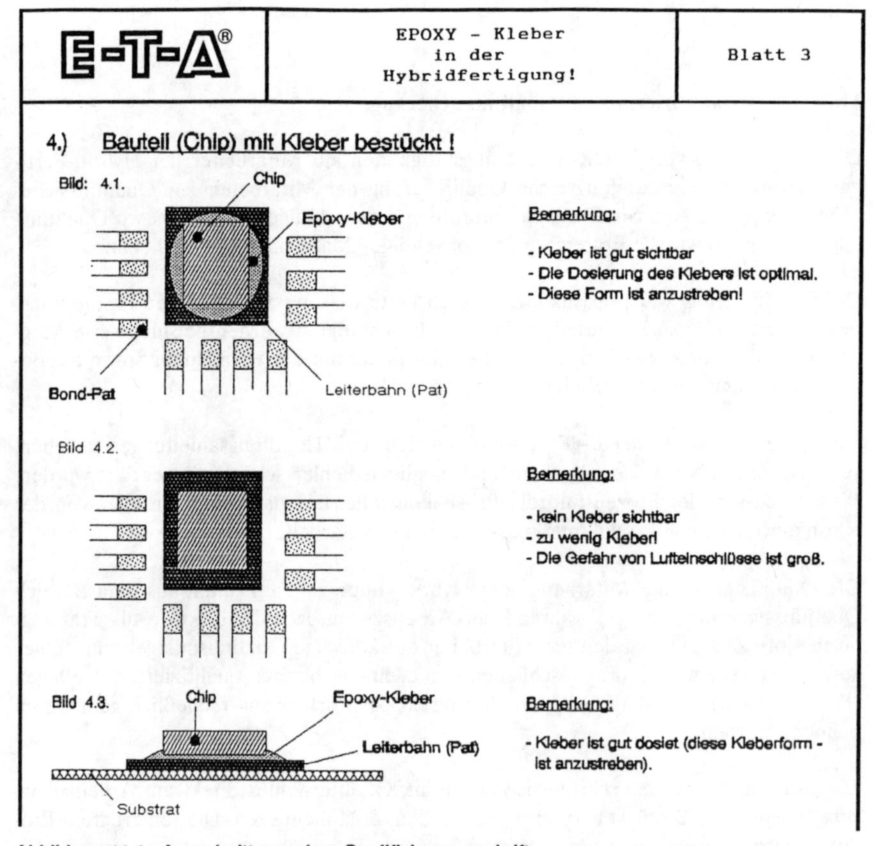

Abbildung 11.1: Ausschnitt aus einer Qualifizierungsschrift

Nach individuell gestalteter Anlernzeit durch die Gruppenleiter waren die Mitarbeiter in der Lage, auftretende Qualitätsmängel zu dokumentieren und selber zu beheben.

Neu anzulernende Mitarbeiter wurden in alle Arbeitsschritte entlang der Fertigungskette in der Hybridgruppe angelernt, um nicht nur die Zusammenhänge zwischen den Arbeitsschritten kennenzulernen, sondern auch die Ursachen für Fehler und Qualitätsmängel zu erkennen und zu ihrer Beseitigung beitragen zu können. Im Verlauf des Projekts wurde zunehmend deutlich, daß Mitarbeiter, die die Zusammenhänge innerhalb der Fertigungskette kannten, sowohl qualitativ als auch effektiv besser arbeiteten.

Letztendlich wurde durch die Qualifizierung und Aufgabenverlagerung nicht nur die Qualitätssicherung effektiver gestaltet, sondern auch ein Prozeß zur Qualitätssteigerung eingeleitet.

11.3 Erfahrungen und Ergebnisse

Die in die Hybridgruppe übertragenen Qualitätssicherungsaufgaben wurden nach den Training-on-the-job-Maßnahmen gut von den Mitarbeitern ausgeführt. Diese Einweisungsmethode hat sich für E-T-A als günstig erwiesen, da die Mitarbeiter innerhalb kurzer Zeit ohne weitreichende Arbeitsunterbrechung qualifiziert werden konnten.

Die statistische Endauswertung der von den Mitarbeitern dokumentierten Qualitätswerten erfolgte über PC.

Es zeigte sich, daß die Wahl einer individuellen, auf den Mitarbeiter ausgerichteten On-the-job-Einweisung günstiger war, als ein generelles, für alle Mitarbeiter gültiges Schulungskonzept zur Unterweisung in Qualitätssicherung. Letzteres wäre bei der gegebenen Zielgruppe zu allgemein und theoretisch angelegt gewesen.

Beispielsweise hat es sich als gut erwiesen, bei der Einweisung von Mitarbeitern am Laser zunächst auftretende Qualitätsmängel zu besprechen und diese schrittweise zusammen mit einem Techniker zu beheben. Nach einigen "Fehlerläufen" waren die Mitarbeiter in der Lage, Mängeln selbständig entgegenzuwirken.

Auch wurde darauf geachtet, daß bei auftretenden Qualitätsfehlern Mitarbeiter benachbarter Arbeitsplätze zur Begutachtung und Behebung von Mängeln hinzugezogen wurden. Im Rahmen der Vermittlung der Arbeitszusammenhänge entlang der Prozeßkette hat sich diese Vorgehensweise bewährt.

Jedoch ergaben sich bei der Methode der On-the-job-Unterweisung zur Qualitätssicherung auch Grenzen: Es konnten den Mitarbeitern nicht alle möglichen Fehler und Mängel innerhalb einer begrenzten Zeitspanne vermittelt werden, da einige Fehlerarten nur sehr selten auftreten.

So bedarf zum Beispiel die Erkennung der Festigkeit der Drähte bei der optischen Kontrolle umfangreicher Erfahrungen: Die bei der optischen Prüfung fest wirkenden Drähte erweisen sich oftmals bei der zusätzlichen Prüfung mit einer Nadel als lose. Nur Mitarbeiter mit viel Erfahrung erkennen bereits bei der optischen Prüfung diesen Mangel.

Auch die Qualifizierung der Mitarbeiter zur Erkennung von Qualitätsdefiziten mittels Fotos und Grafiken erwies sich bald als nicht ausreichend. Viele Mitarbeiter waren nicht in der Lage, von der drei-dimensionalen Sichtweise, die sie durch das Mikroskop gewohnt waren, auf die zwei-dimensionale Sichtweise der fotografischen Darstellung zu abstrahieren. Eine Vermittlung der Fehlererkennung via Grafik unterlag in der Behaltensleistung und dem Transfer auf die eigene Arbeit dem Lernerfolg des individuellen Mitarbeiters und war deshalb nicht umfassend erfolgreich.

Darüber hinaus war für viele Mitarbeiter eine enge zeitliche Verknüpfung zwischen der Entdeckung, Erklärung und Behebung des Mangels für das Verständnis und die Behaltensleistung ausschlaggebend. Der Lernerfolg im Bereich Qualitätssicherung war für die Mitarbeiter der Hybridgruppe größer, wenn es eine enge zeitliche Verknüpfung zwischen der fehlerhaften Handlung und der Erklärung des Fehlers gab. Dies war bei der Darstellung und Erklärung mittels Grafiken nicht allgemein gegeben. D.h. es reicht nicht aus, mittels "Papier" zu schulen, sondern eigene Erfahrungen im praktischen Handeln im Bereich Qualität mit anschließenden Erläuterungen durch den Gruppenleiter sowie ein Erfahrungsaustausch mit Kollegen sind weitaus wichtiger.

Dennoch hat sich eine Dokumentation in Papierform als Nachschlagewerk während der Lernphase als sinnvoll erwiesen. Besonders unter dem Aspekt, daß es immer wieder zum Wechsel der produzierten Schaltungsarten kommt, ist ein solches Nachschlagewerk für die Mitarbeiter unverzichtbar.

12 Technologietransfer

12.1 Kooperation mit Forschung und Entwicklung

Die Hybridfertigung befindet sich - wie viele Bereiche der Mikroelektronik - in einem ständigen Innovationsprozeß. Viele Ergebnisse aus Forschung und Wissenschaft müssen möglichst schnell aufgegriffen und in der Produktion umgesetzt werden.

Betriebs- und vielfach auch branchenüblich ist ein Vorgehen, bei dem ein Experte - vielfach der Unternehmer selbst - den Kontakt zum Forschungsbereich hält und von dort neue Vorgehensweisen und Technologien aufnimmt, die dann von den Beschäftigten in die Produktion integriert werden müssen. Dabei handelt es sich häufig um einen nicht sehr strukturierten Transfer. Dies stellt zumeist sowohl für die Beschäftigten als auch für den Betrieb immer neue Probleme dar. Unter dem Gesichtspunkt der Bewältigung von neuen Anforderungen sollten daher Wege zur Einbindung technologischer Innovationen gesucht und erprobt werden.

Für den Erhalt der Innovationsfähigkeit und den mittelfristigen Erhalt der Hybridfertigung ist die Einbindung von Verfahrensinnovationen in den Alltagsablauf von großer Bedeutung. Für die Einführung neuer Verfahren ist es von großer Wichtigkeit, die vorhandenen Erfahrungen der Beschäftigten zu nutzen. Dies betrifft nicht nur die technischen Erfahrungen, sondern auch die Kenntnisse zur organisatorischen Einbettung und der erforderlichen Mitarbeiterqualifizierung.

Auch war zu klären, welche Veränderungen von einem Technologietransfer erwartet werden können und welche Auswirkungen dies auf Arbeitsorganisation, Qualifikationsanforderungen und Arbeits- und Gesundheitsschutz haben wird.

Im Rahmen des Projekts wurde daher ein Vorschlag für eine generelle Vorgehensweise beim Transfer neuer Technik in die betriebliche Praxis ausgearbeitet (vgl. HAMACHER, BARTH 1992):

1) Beurteilung der betrieblichen Ausgangssituation hinsichtlich des Einsatzes der neuen Technik (Stärken und Schwächen des Ist-Zustands)
2) Kennenlernen der neuen Technik seitens der betrieblichen Betroffenen
3) Entwicklung von Szenarien für Einsatzmöglichkeiten der neuen Technik
4) Bewertung der neuen Technik und der Einsatzmöglichkeiten
5) Zielbestimmung
6) Entwicklung von Einführungsstrategien
7) Entwicklung eines Maßnahmenkatalogs für die Einführung
8) Durchführung der Maßnahmen
9) Wirkungskontrolle hinsichtlich der Ziele

Um prototypisch hier für die Firma E-T-A neue Wege zu gehen, war im Rahmen des Projekts eine intensive Zusammenarbeit mit der TU Berlin, Fachbereich Elektrotechnik, Schwerpunkt Technologien der Mikroperipherik, vorgesehen.

In einem ersten Schritt wurde von Prof. Dr.-Ing. H. Reichl der technisch-organisatorische Stand der Fertigung der Firma E-T-A analysiert. Prof. Reichl kam in dieser Analyse zu dem Ergebnis, daß *"die vorhandene Technologie eine hohe Ausbeute aufweist und somit für das derzeitige Produktspektrum hervorragend geeignet ist. Die vorhandenen Geräte umfassen die wesentlichen technologischen Teilschritte und werden effektiv eingesetzt ... Weiterentwicklungsmöglichkeiten der Technologie werden in der Bearbeitung von Leistungshybriden und der Chip-on-Board-Technik gesehen."* Damit wurden Ansatzpunkte zur Weiterentwicklung von Technologien aufgezeigt.

Die Voraussetzungen für die Chip-on-Board-Technik sind in der Konzeption eines adaptierten Technologieablaufs und im Einsatz neuer Bestückungsverfahren zu sehen.

Die Beherrschung der Wärmeabfuhr bei der Layoutentwicklung ist Voraussetzung für den Aufbau von Leistungshybriden. Hierzu eignet sich ein Simulationsverfahren, das die Wärmeausbildungen bei vorgeschlagener Bauteilanordnung darstellt und damit eine Optimierung der Anordnung der Bauteile erlaubt, ohne daß Muster produziert werden müssen.

Die Diskussion zwischen Prof. Reichl, den Führungskräften der Hybridtechnik und den Gruppenleitern der Hybridgruppe verdeutlichte, daß ein großes Interesse an den vorgeschlagenen neuen Technologien besteht. Zur Vermittlung eines konkreteren Bildes der Einsatzmöglichkeiten und der erforderlichen Technologien, wurde den Führungskräften der Hybridgruppe eine Besichtigung der Forschungs- und Fertigungseinrichtungen der TU Berlin ermöglicht.

Anschließend konnten die Teilnehmer das von der TU Berlin entwickelte prototypische Fertigungsverfahren im Einsatz besichtigen, vor Ort analysieren und vorliegende Forschungsergebnisse diskutieren. Es wurde deutlich, daß vor dem Vorantreiben dieser Produkt- und Verfahrensinnovation eine entsprechende Marktanalyse stattfinden sollte.

Eine eingehende Diskussion der E-T-A-Mitarbeiter mit Mitarbeitern der TU Berlin ergab, daß insbesondere die Wärmesimulation (Thermische Simulation) von Leistungshybriden in starkem Maße für die Produktentwicklung und Qualitätssicherung interessant ist. Einerseits ermöglicht eine solche Simulation die Erschließung von Zukunftsmärkten, andererseits bietet sie die Möglichkeit, internen und externen Kundenanforderungen besser entsprechen zu können.

12.2 Entwicklung eines Wärmesimulationsprogramms zur Unterstützung der Produktentwicklung

Das als Prototyp vorgeführte Wärmesimulationsprogramm der TU Berlin erschien den anwesenden Mitarbeitern der Firma E-T-A als schnell erlernbar, leicht zu handhaben und für ihre Zwecke optimal geeignet. Das Programm dient der Berechnung der Chip-Temperaturen auf Hybridschaltungen. Die hohe Benutzerfreundlichkeit wird durch komfortable Eingabemöglichkeiten und durch die sehr zeitsparende Lösungsmethode erreicht.

Zu dieser Zeit konnte E-T-A Anfragen nach Leistungshybriden nicht nachkommen, da kaum Erfahrungen auf diesem Gebiet vorlagen und kein Wärmesimulationsprogramm zu Verfügung stand.

Es wurde eine Arbeitsgruppe "Technologietransfer" eingerichtet, die sich aus Vertretern der TU Berlin, Leitern der Hybridgruppe sowie Begleitforschern zusammensetzte. Diese Arbeitsgruppe hatte zur Aufgabe, die Mitarbeiter der Hybridgruppe intensiv an der Systemweiterentwicklung und -implementierung zu beteiligen. Erfahrungen der Mitarbeiter, ihre Vorstellungen und Anforderungen an eine Systementwicklung sollten in den Transferprozeß einfließen. Damit sollte sichergestellt werden, daß nicht nur rein technische Aspekte übertragen wurden, sondern eine umfassende Qualifizierung der Betroffenen und eine Einbettung des Systems in die Arbeitsabläufe (Ablauforganisation) sichergestellt war.

Die generelle Zielsetzung der thermischen Simulation lag in

- der Stärkung der Produktentwicklungsfähigkeiten der Hybridgruppe mit dem Ziel, den Arbeitsschritt Layouterstellung als integralen Bestandteil in der Hybridgruppe zu stärken (ganzheitlicher Prozeß, keine starre Trennung zwischen Entwicklung und Produktion),
- Verringerung des Qualitätssicherungskosten,
- Verringerung von Ausschuß,
- Verringerung von Problemen in der Fertigung durch Layoutdefizite, Verbesserung der Prozeßsicherheit,
- Reduzierung der vorhandenen und Vermeidung von neuen Belastungen, Erhalt und Weiterentwicklung von Problemlösungsfähigkeiten und Erfahrungswissen,
- Entwicklung einer Handlungsorientierung für Technologie- und Know-how-Transfer.

(vgl. Hamacher, Barth 1992)

In einem weiteren Schritt wurde schließlich ein weiterentwickelter Prototyp des Wärmesimulationsprogramms für Leistungshybride von Mitarbeitern der TU Berlin in der Hybridgruppe bei E-T-A installiert und präsentiert. Unter Anleitung der TU Berlin übten die betroffenen Mitarbeiter den Umgang mit dem System und erhielten einen direkten Einblick bezüglich der Einsetzbarkeit des Systems. Veränderungsbedarf wurde bald erkannt und formuliert. So wurde von den Mitarbeitern beispielsweise gewünscht, daß die Ergebnisse der Simulationen nicht als Zahlenkolonnen ausgedruckt werden sollten, sondern in Form einer Grafik. Auch bestand Bedarf für die Einrichtung einer Datenbank, die Simulationswerte aus der Fachliteratur bzw. aus Produktbeschreibungen und Erfahrungswerte der Mitarbeiter bereitstellen sollte. Die Mitarbeiter der TU Berlin nahmen eine entsprechende Anpassung des Programms vor.

Die Einbindung des Wärmesimulationsprogramms in die Ablauforganisation wurde mit Mitarbeitern der TU Berlin und E–T–A intensiv diskutiert. Die Diskussion ergab, daß die Bereiche Entwicklung, Fertigung und Qualitätssicherung enger zusammenarbeiten und Erfahrungen austauschen müssen.

Die Qualität der Simulationen hängt entscheidend von den Erfahrungen der Mitarbeiter ab. Als Beispiel wurde von den Betroffenen hervorgehoben, daß für die Erstellung der Layouts umfangreiche Erfahrungen aus dem Fertigungsalltag notwendig sind. Bestimmte Aspekte, wie z.B. die Breite und Dicke der Druckschichten, sind nicht zahlenmäßig per Datenverarbeitung erfaßbar, so daß neben den ggf. verfügbaren EDV-mäßig quantifizierbaren Daten weiterhin ein erfahrener Layouter notwendig ist. Generell sind zwar solche Erfahrungswerte bekannt, jedoch treten häufig Ausnahmen auf, die individuell zu bewerten sind.

Es wurde vereinbart, daß in der Anfangsphase die prototypischen Annahmen des Simulationsmodells mit den real gemessenen Temperaturverteilungen abgeglichen werden müssen. Über die Erprobung der ersten Pilotmuster sollte eine iterative Verbesserung der Ausgangswerte ermöglicht und auch die Ursachen von Abweichungen auf diesem Wege geklärt werden.

Bereits in dieser ersten Diskussion wurde deutlich, daß einerseits die Erfahrungen der Mitarbeiter eingebracht werden müssen, um die Wärmesimulation optimal nutzen zu können, andererseits in einer Pilotphase weitere Erfahrungen gemeinsam von den Mitarbeitern der Entwicklung, Fertigung und Qualitätssicherung gesammelt werden müssen. Ziel war es, die Simulationsgrunddaten erfahrungsgeleitet zu verbessern.

Schon nach dem ersten Test waren die Mitarbeiter der Firma E–T–A der Ansicht, daß das einfache Simulationswerkzeug, verknüpft mit einer intensiven Einweisung und dem Erfahrungsaustausch mit der TU Berlin sehr nützlich sein werde. Die TU Berlin, die dieses Simulationswerkzeug zum erstenmal in der Praxis erproben konnte, unterstrich die einfache und schnelle Bedienung sowie die Benutzerfreundlichkeit, die das Programm von anderen unterscheidet. Es werden damit keine komplexen Berechnungen erstellt, sondern auf der Grundlage von Näherungs- und Schätzwerten gearbeitet. Das Programm kann auf einen PC geladen werden, ohne daß lange Rechenzeiten zu erwarten sind. Diese Merkmale machen das Simulationswerkzeug interessant für kleine Hybridfertigungen.

Der in Abbildung 12.1 dargestellte Bildschirmaufbau verdeutlicht die übersichtliche und einfache Handhabung.

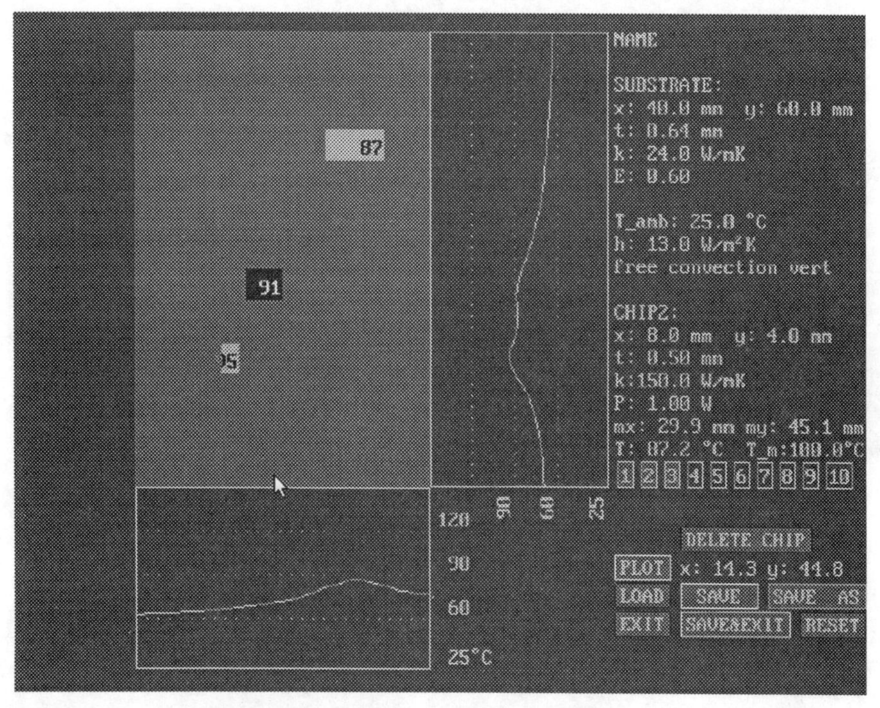

Abbildung 12.1: Bildschirmaufbau des Wärmesimulationsprogramms

Der überwiegende Teil des Bildschirms dient der Darstellung der eingegebenen Konfiguration (Substrat mit aktivierten Chips). Am rechten und unteren Rand des Substrates befinden sich die Felder für die Darstellung der Profile. Der aktuelle Name, die Substrat-, Umgebungs- und Chip-Parameter werden auf der rechten Bildschirmseite dargestellt. Die Chip-Parameter werden jeweils nur für einen ausgewählten Chip angezeigt. Die zehn kleinen rechteckigen Felder dienen als Platzhalter für definierte, aber nicht aktivierte Chips. In der rechten unteren Ecke befinden sich die Funktionsfelder. Nach dem Anklicken mit der Maus führt das Programm die gewünschten Funktionen aus. Die Werte werden sofort angezeigt und die Chips farblich, je nach angegebenem Grenzwert und berechneter Chip-Temperatur (bei Überschreitung des Grenzwertes rot, andernfalls blau), auf dem Bildschirm ausgewiesen.

Die Arbeitsgruppe erarbeitete folgende Ziele einer Unterstützung durch die Wärmesimulationssoftware:

- o Hilfestellung in der Entwicklungsphase
- o Schnellere Angebotserstellung
- o Schnellere und bessere Mustererstellung

Mit Hilfe des Simulationsprogramms kann die Entwicklung von Leistungshybriden schneller und sicherer erfolgen. Schneller als zuvor können Hybridhersteller Anfragen von Kunden beantworten, ob zu vertretbaren Konditionen angefragte Leistungshybride hergestellt werden können.

Ein weiterer Vorteil wurde darin gesehen, daß aufgrund der Wärmesimulation zukünftig weniger Iterationsschleifen bei der Layoutentwicklung und der Musterproduktion erforderlich sind. Angesichts der gestiegenen Auslastung durch eine Vielzahl zunehmend kleinerer Aufträge bedeutet dies eine deutliche Entlastung. Dadurch wird aber auch die Fertigung entlastet. Die Vielzahl der herzustellenden Muster behinderte häufig den normalen Fertigungsprozeß, da die Mustererstellung vor- bzw. nachgelagert erfolgte. Die Zahl der Unterbrechungen wird durch die Wärmesimulation reduziert. Damit hat die Wärmesimulation weitreichende Auswirkungen auf die Entwicklung und Fertigung in der Hybridgruppe. In Abbildung 12.2 sind links die Optimierungswege der Layoutentwicklung ohne und rechts mit Einsatz der Wärmesimulation dargestellt. Die Pfeildicke deutet auf die jeweilige Frequentierung hin. Darüberhinaus ist zu beachten, daß bei Einsatz der Wärmesimulation der Optimierungsprozeß weitgehend auf Informationsfluß beschränkt bleibt, während bei Produktionsfehlern und Reklamationen verstärkt kostspieliger Materialtransport und -verbrauch (Ausschuß) auftritt.

Die betroffenen Mitarbeiter der Hybridgruppe wurden von dem Systementwickler der TU Berlin ausführlich in das neue System eingeführt. Die optimale Bedienung erlernten sie recht schnell, da die Systembedienung und -nutzung selbsterklärend und spielerisch gestaltet war.

Die erste Version des Wärmesimulationsprogramms wurde durch eine verbesserte Version ersetzt und Mängel der ersten Version wurden behoben. Die oben beschriebenen Verbesserungsvorschläge konnten realisiert werden. Die Neuerung beinhaltete zusätzlich eine verbesserte Datensicherheit.

Die bei den ersten Schulungen genutzte, einfache Benutzeranweisung für das Wärmesimulationsprogramm wurde entsprechend der zweiten Simulationsversion überarbeitet und der Firma E-T-A zur Verfügung gestellt. Diese Anleitung ermöglicht es, auch andere bzw. neue Mitarbeiter schnell und umfassend in das Simulationssystem einzuarbeiten.

Nach mehrmonatiger Testzeit und Bearbeitung erster Aufträge kamen die Nutzer des Systems im Hinblick auf Leistungshybride zu dem Ergebnis, daß sich mit Hilfe der Wärmesimulation die Angebotserstellung und die Entwicklung vereinfacht und verbessert habe. Sowohl die Masken als auch die Eingabe erwiesen sich als sehr bedienerfreundlich.

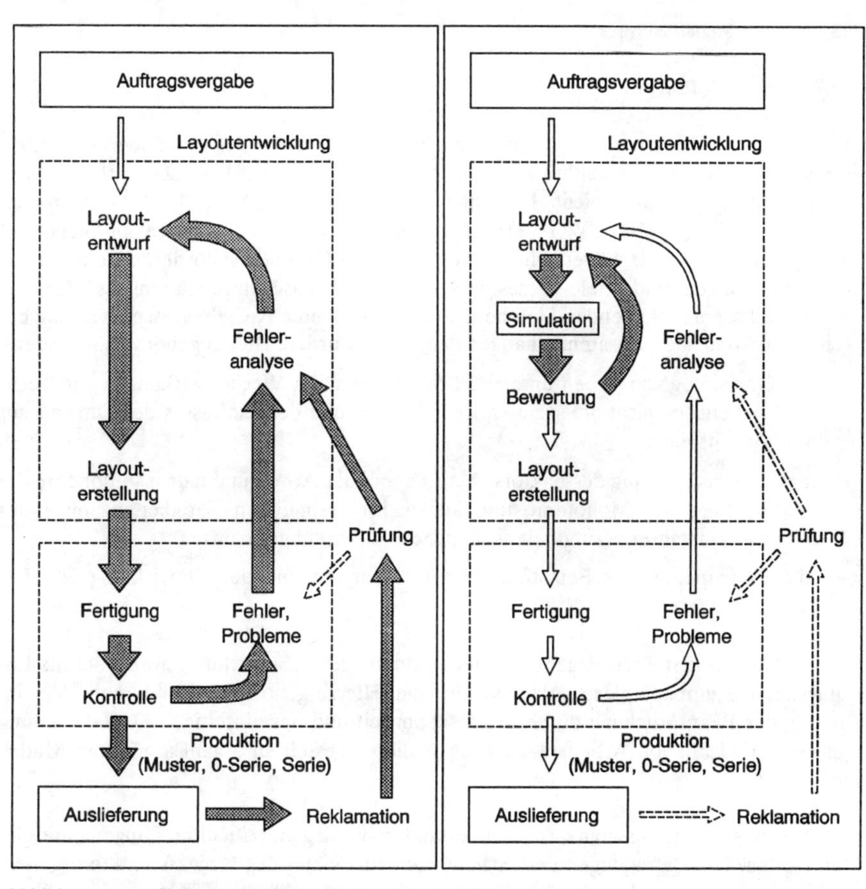

Abbildung 12.2: Optimierungswege der Layoutentwicklung (links: ohne Wärmesimulation, rechts: mit Wärmesimulation)

Die Funktion des Wärmesimulationsprogrammes beschränkte sich jedoch auf die Möglichkeit einer Gestaltungs- und Entscheidungshilfe. Die letzte Entscheidung über den Fertigungsablauf wird jedoch dem Benutzer nicht abgenommen. Eine ausgeprägte Kommunikation und ein Erfahrungsaustausch zwischen den Gruppenleitern erscheint in der Hybridfertigung nach wie vor unabdingbar. Der intensivierte Erfahrungsaustausch zwischen den Bereichen Entwicklung, Fertigung und Qualitätssicherung führte zu einer "lernenden Auseinandersetzung" mit den Pilotprodukten.

13 Arbeitsschutz

13.1 Einführung

Im Zuge der EG-Harmonisierung des Arbeitsschutzrechts hat sich ein modernes, umfassendes Arbeitsschutzverständnis entwickelt, das weit über den klassischen Bereich der Unfallverhütung hinaus reicht. Im Sinne der EG-Richtlinie 89/391/EWG (Rahmenrichtlinie nach Art. 118a EWG-Vertrag) ist unter Arbeitsschutz gleichrangig Sicherheit und Gesundheitsschutz zu verstehen. Prävention und Gesundheitsförderlichkeit von Arbeitsbedingungen sind Ziele dieses erweiterten Arbeitsschutzverständnisses. Arbeitsschutz in diesem umfassenden Sinn betrifft daher auch eine Reihe von Aspekten, die bereits in vorstehenden Zusammenhängen dargestellt wurden. Hierzu gehört insbesondere

- die Gestaltung von Arbeit unter Berücksichtigung der Wechselwirkungen von Technik, Arbeitsorganisation, sozialen Beziehungen und des Einflusses der Umwelt auf den Arbeitsplatz,
- die Berücksichtigung des Faktors "Mensch" bei der Arbeit und hier insbesondere die Vermeidung von Monotonie und kurzzyklisch-repetitiven Tätigkeiten sowie der Verringerung ihrer gesundheitsschädlichen Auswirkungen, sowie
- die Partizipation der Betroffenen an Ist-Analysen und der Entwicklung von Lösungsansätzen.

Die bislang vorgestellten Ergebnisse stellen unter dieser Betrachtungsweise bereits Lösungsansätze zum komplexen Arbeitsschutz dar. Hierzu gehört insbesondere die Verringerung der Beanspruchung durch Mikroskoparbeit und der einseitigen Dauerbelastung an einer Vielzahl von Arbeitsplätzen durch die vorgestellten organisatorischen Modelle.[10]

Ein besonderes Arbeitsschutzproblem bestand im vorliegenden Fall im Umgang mit Gefahrstoffen. Die Befragungen und Erhebungen zu Beginn des Projekts hatten ergeben, daß subjektiv empfundene Belästigungen und Beeinträchtigungen bis hin zu gesundheitlichen Beschwerden aufgetreten sind. Insbesondere wurde dies zurückgeführt auf den Umgang mit

- Klebern,
- Druckpasten,
- Vergußmassen und
- Lötdämpfen.

Die Beurteilung der Frage, ob diese Arbeitsstoffe gesundheitsschädliche oder -beeinträchtigende Wirkungen haben und ob darüber hinaus weitere Gefahrstoffpotentiale vorhanden sind, stellt einen Mittelbetrieb vor erhebliche Probleme. Nach § 16

---

[10] Weitere Hinweise zur Belastung bei und Gestalten von Lupen- und Mikroskopierarbeiten sind zusammengestellt in CONRADY, KRUEGER, ZÜLCH 1987.

GefStoffV ist zwar der Unternehmer verpflichtet, alle im Betrieb eingesetzten chemischen Stoffe und Zubereitungen zu erfassen und daraufhin zu überprüfen, ob sich darunter für die Gesundheit der Mitarbeiter schädliche Stoffe (Gefahrstoffe) befinden. Ist dies der Fall, sind für ihn alle für den Umgang mit Gefahrstoffen erstellten Paragraphen der Gefahrstoffverordnung verbindlich. Insbesondere muß er sich nach § 18 vergewissern, ob beim Umgang mit diesen Stoffen Gesundheitsgefahren für die Mitarbeiter auftreten können (Einhaltung der Grenzwerte, Überwachungspflicht). Diese gesetzlichen Vorgaben stoßen aber auf sehr konkrete Umsetzungsprobleme, die für Klein- und Mittelbetriebe symptomatisch sind.

In Klein- und Mittelbetrieben mangelt es an Informationen über Arbeitsschutz generell und insbesondere über Gefahren durch Gefahrstoffe und Schutz vor diesen Gefahren. Informationsdefizite bestehen vor allem im Hinblick auf

- das verschiedenartige Gefährdungspotential von Gefahrstoffen und die Aufnahmewege in den menschlichen Körper,
- die arbeitsmedizinisch-toxikologischen Erkenntnisse über Zusammenhänge zwischen Gefahrstoffexpositionen und potentiellen Gesundheitsgefährdungen,
- die Problematik der Langzeitexposition auch bei geringer Dosis,
- die Gefährdungen durch verfahrensbedingte Entstehungsprodukte, z.B. bei thermischen Prozessen und durch Störfälle, sowie
- die Möglichkeiten einer wirksamen Abwehr der Gefährdungen durch Gefahrstoffe und entsprechende Handlungsstrategien.

Diese Informationsdefizite haben negative Auswirkungen auf die Motivation der Verantwortlichen in Klein- und Mittelbetrieben, sich mit Gefahrstoffproblemen zu befassen. Fehlende Kenntnisse über Zusammenhänge zwischen Gefahrstoffexpositionen und Gesundheitsgefährdungen

- o begünstigen einerseits oft den Eindruck, es bestünde keine Gefahr und damit auch kein Handlungsbedarf;

  Gestützt wird diese Annahme dadurch, daß meist keine spontanen Zusammenhänge zwischen den schadensetzenden Ereignissen (Expositionen) und den daraus resultierenden Gesundheitsschäden erkennbar sind, also nicht akute Gesundheitsbeeinträchtigungen, sondern Langzeitschäden das Hauptproblem darstellen.

- o führen andererseits aber auch zu Verunsicherung und einer gewissen Scheu, sich mit Gefahrstoffproblemen zu befassen;

  Die Situation erscheint undurchschaubar, evtl. vorliegende Gefahrstoffinformationen (z.B. Kennzeichnung oder Sicherheitsdatenblatt) werden nicht verstanden, falsch gedeutet oder gar nicht zur Kenntnis genommen, so daß kein handlungsrelevanter Bezug möglich ist.

Die Informations- und Motivationsdefizite von Unternehmern und Führungskräften in Klein- und Mittelbetrieben treten im betrieblichen Alltag auf vielfältige Weise auf:

- o Befindlichkeitsstörungen oder Beschwerden von Arbeitnehmern werden nicht als Warnindikatoren verstanden.
- o Ursachen für Gesundheitsstörungen (z.B. Allergien) werden eher in der Person des Betroffenen oder in Umwelteinflüssen, weniger hingegen in den Arbeitsplatzbedingungen gesehen. Man glaubt, durch Arbeitsplatzwechsel das Problem beseitigen zu können.
- o Frühere Erfahrungen mit betriebsüblichem, sorglosem Gefahrstoffumgang werden als Beweis für die Ungefährlichkeit der Stoffe angesehen und als Gegenargument ins Feld geführt.
- o Schädigende Potentiale von Gefahrstoffen werden nur akzeptiert, wenn unmittelbare, akute Wirkungen auftreten.
- o Die Sprache des Gefahrstoffrechts wird mißverstanden, z.B. wird der Ausdruck "mindergiftig" als "harmlos" oder "ungefährlich" interpretiert.
- o Die Kennzeichnung von Gefahrstoffen wird oft gar nicht oder nur oberflächlich wahrgenommen.
- o Ist keine Kennzeichnung vorhanden, wird angenommen, eine Gefahr sei ausgeschlossen. Es ist nicht bekannt, daß eine solche Pauschalvermutung falsch ist.
- o Falls Sicherheitsdatenblätter beschafft werden, können sie nicht nach ihrem tatsächlichen Informationsgehalt ausgewertet und beurteilt werden. Verharmlosende Formulierungen werden als Unbedenklichkeitshinweise verstanden.
- o Informationen der Sicherheitsdatenblätter können nicht in Handlung umgesetzt werden. Sicherheitsdatenblätter werden gesammelt und abgeheftet, ohne daß sie Handlungsrelevanz erlangen.
- o Es gelingt oft nicht, konkrete Bezüge zwischen den Tätigkeiten eines Arbeitsplatzes oder Arbeitsbereichs und den dabei möglichen Gefahrstoffexpositionen herzustellen. Entstörungs-, Reinigungs-, Transport- und andere Nebentätigkeiten bleiben bei der Arbeitsplatzbeschreibung und Ermittlung von Expositionsmöglichkeiten oft unberücksichtigt.
- o Es wird versucht, mit Hilfe von "Provisorien" Absaugeinrichtungen (z.B. Staubsauger) zu nutzen, um auf diese Weise Gefahrstoffprobleme zu "lösen". Die Maßnahmen haben oft nicht den erforderlichen Wirkungsgrad. Sie besitzen aber eine moralische Beruhigungsfunktion, weil sie in der Annahme erfolgen, das Notwendige veranlaßt zu haben.
- o Die Hierarchie der Schutzmaßnahmen wird nicht verfolgt. Eine gezielte Suche nach Ersatzstoffen ist kaum üblich. Auf technische Lösungen zum Ausschließen von Gefährdungen wird meist verzichtet. Es besteht eine eindeutige Fixierung auf den Einsatz persönlicher Schutzausrüstung.

- o Sofern das Prinzip der Grenzwerte überhaupt näher bekannt ist, werden diese als starre Sicherheitsgrenzen verstanden und eventuelle Gesundheitsgefahren erst jenseits dieser Grenzen vermutet. Zum Teil werden niedrige Grenzwerte auch als übertriebene Vorsicht gewertet (z.B. der herabgesetzte Bleigrenzwert für Frauen).
- o Konzepte zur Überwachung der Einhaltung von Grenzwerten sind weitgehend unbekannt.
- o Das Messen mit Prüfröhrchen wird in der Tendenz für problemlos und zuverlässig gehalten. Auf diese Weise gewonnene Meßwerte werden durch direkten Vergleich mit den Grenzwerten beurteilt.
- o Bei der Beauftragung externer Stellen mit Messungen wird die Notwendigkeit intensiver eigener Mitwirkung zur Vorbereitung der Messungen verkannt.

Vor dem Hintergrund dieser Erkenntnisse wurde im Rahmen dieses A&T-Projekts nach Wegen gesucht, wie in angemessener Weise der Umgang mit Gefahrstoffen analysiert und Lösungen zur Verringerung des gesundheitsschädlichen Potentials entwickelt werden können.

13.2 Vorgehensweise

1. Schritt: Ermitteln der Probleme aus Sicht der Betroffenen

Um einen ersten Zugang zum Problemkreis zu erhalten, wurden alle Beschäftigten der Hybridgruppe einzeln befragt nach

- gefährlichen und belastenden Arbeitsvorgängen,
- Umgang mit gesundheitsgefährdenden Stoffen und
- Befürchtungen über Auswirkungen der Arbeit auf die Gesundheit.

Die Ergebnisse wurden anonymisiert und zusammenfassend dargestellt, so daß die Schwerpunkte der Gefahrstoffprobleme erkennbar wurden. Anschließende Gruppendiskussionen machten schnell deutlich, daß erhebliche Informationsdefizite bei allen Beteiligten über die Gefahrstoffproblematik vorlagen. So bestand beispielsweise am Anfang die Vorstellung, alleine anhand der Durchführung von Messungen schnell und sachgerecht erkennen zu können, ob Gesundheitsschäden durch Gefahrstoffe zu erwarten sind.

2. Schritt: Information und Motivation

Der Information und Motivation sowohl der Betroffenen als auch der verantwortlichen Führungskräfte, des Betriebsrats und der Fachkraft für Arbeitssicherheit kommt für die sachgerechte Ermittlung und Beurteilung von Gefahrstoffen sowie die Entwicklung von Lösungen große Bedeutung zu.

Auf der Basis von Erhebungen zu den in der Hybridgruppe eingesetzten Stoffen wurden daher Qualifizierungsmaßnahmen entwickelt und durchgeführt. Ziel der Qualifizierung war es, ein Grundverständnis für die Gefahrstoffproblematik zu entwickeln. Gegenstand dieser Qualifizierungsmaßnahmen waren:

o Was sind überhaupt Gefahrstoffe?

o Wie wirken Gefahrstoffe auf den Menschen (Aufnahmewege)?

o Welche Pflichten bestehen im Umgang mit Gefahrstoffen?

o Wie lassen sich Gefahrstoffe ermitteln (Grundzüge der Arbeitsbereichsanalyse nach TRGS 402)? Welche Analyseschritte sind notwendig?

o Wie läßt sich das Ausmaß der Gefahren im Umgang mit den im Unternehmen eingesetzten Stoffen ermitteln (Grenzwertkonzepte)?

o Unter welchen Bedingungen sind Messungen erforderlich? Wie ist das Meßverfahren festzulegen?

o Welche Maßnahmen sind abzuleiten (Maßnahmenhierarchie)?

Anhand von konkreten Beispielen aus dem Bereich der Hybridgruppe wurden diese Themen diskutiert.

Beispiel für die Behandlung der Themen "Einwirkungsmöglichkeiten von Gefahrstoffen auf den Menschen und Grenzwertkonzepte", wie sie nach Durchführung der Qualifizierungsmaßnahmen in schriftlicher Form zusammengefaßt wurden

Die systematische Erfassung der verwendeten Arbeitsstoffe zeigt, daß eine Reihe von Gefahrstoffen eingesetzt werden. Insbesondere handelt es sich um

- *Pasten (Blei, Cadmium, Bariumverbindungen),*
- *Lote (Blei, Kolophonium),*
- *Kleber und Vergußmassen (Epoxidharz, Polyurethane),*
- *Lösemittel.*

Aufnahmemöglichkeiten und Wirkungen von Gefahrstoffen

Die Gefahrstoffe können in verschiedener Art und Weise aufgenommen werden und zu gesundheitlichen Beeinträchtigungen und Schäden führen.

Das Einatmen vom Gefahrstoffen in der Atemluft stellt den häufigsten kritischen Aufnahmeweg von Gefahrstoffen in den menschlichen Körper dar. An zweiter Stelle ist die Aufnahme über die Haut zu nennen sowie im weiteren das Verschlucken. Die gesundheitsschädigende oder -beeinträchtigende Wirkung eines Stoffes kann sowohl an der Stelle auftreten, an der er mit dem Körper in Kontakt kommt, aber auch "systemisch" wirken, d.h. eine schädigende Wirkung kann an einer vom Kontaktort entfernten Stelle im Körper auftreten. Dazu müssen die Stoffe von der Blutbahn aufge-

nommen und mit dem Blut durch den Körper transportiert werden. So gelangen beispielsweise Lösemitteldämpfe über die Blutbahn in Nervenzellen, das Gehirn und die Leber. Die Wirkungen der Gefahrstoffe können demnach sowohl akut sein (hervorgerufen durch eine einmalige Aufnahme) oder chronisch durch eine wiederholte oder Langzeitaufnahme. Chronische Schädigungen können z.B. Erkrankungen der inneren Organe wie Magen, Leber, Lunge, aber auch Erbgutveränderungen, Fruchtschädigungen während der Schwangerschaft und Krebserkrankungen sein.

Bei der Bewertung der Stoffe und ihrer Aufnahme in den menschlichen Körper ist also nicht nur die akute Giftigkeit, sondern die Wirkung von wiederholter und Langzeitaufnahme zu berücksichtigen. Im letzten Fall können Wirkungen schon durch sehr viel niedrigere Konzentrationen hervorgerufen werden als dies im akuten Fall ist. Die Wahrscheinlichkeit einer Erkrankung hängt von der am Arbeitsplatz angenommenen Dosis (Gefahrstoffkonzentration x Einwirkungszeit) ab. Um insbesondere die Gefahr chronischer Schädigungen zu verhindern, wurden Grenzwerte eingeführt, wie z.B. MAK-Werte und BAT-Werte.

Grenzwerte

- o ***MAK-Wert:***
  Die Maximale Arbeitsplatzkonzentration ist die Konzentration eines Stoffes in der Luft am Arbeitsplatz, bei der im allgemeinen die Gesundheit des Arbeitnehmers nicht beeinträchtigt wird.
- o ***BAT-Wert:***
  Der Biologische Arbeitsplatztoleranzwert (BAT) ist die Konzentration eines Stoffes oder sein Umwandlungsprodukt im Körper oder die dadurch ausgelöste Abweichung eines biologischen Indikators von seiner Norm, bei der im allgemeinen die Gesundheit der Arbeitnehmer nicht beeinträchtigt ist.

Für die einzelnen Gefahrstoffe sind in entsprechenden Listen (Technische Regeln) Grenzwerte festgelegt.

MAK-Werte stellen keine starren Grenzen dar, bei deren Einhaltung ein gesundheitliches Risiko auszuschließen ist. Sie lassen sich nicht als chemisch-physikalische Kenngrößen auffassen. Sie stellen vielmehr Orientierungshilfen dar und sind keine Konstanten, aus denen das Eintreten oder Ausbleiben einer schädigenden Wirkung errechnet werden kann. Eine scharfe Grenze zwischen Gesundheit und Gesundheitsschaden läßt sich nicht ziehen. Dies ergibt sich u.a. aus den unterschiedlichen Bedingungen der Exposition gegenüber einem Gefahrstoff und den unterschiedlichen Aufnahmemöglichkeiten in den Körper. Darüber hinaus beziehen sich die MAK- und BAT-Werte auf einen Kollektivschutz (siehe die Formulierung "... im allgemeinen ..."). Die Empfindlichkeit jedes Menschen auf Stoffe kann individuell sehr verschieden sein und sich auch im Laufe der Zeit verändern. Das heißt, auch bei Einhaltung der Grenzwerte ist eine Gesundheitsgefährdung nicht mit Sicherheit auszuschließen. Der Gesundheitszustand von Beschäftigten, die mit Gefahrstoffen in Berührung kommen können, muß daher von den Verantwortlichen Überwacht werden. Befindlichkeitsstörungen und Klagen der Beschäftigten sind ernstzunehmen und sollten Anlaß zu weiteren Untersuchungen sein.

Das MAK-Wert-Konzept geht davon aus, daß die Wirkungen, die ein Stoff hervorrufen kann, sich vollständig zurückbilden können, wenn die betreffende Person dem Stoff nicht mehr ausgesetzt ist. Für Gefahrstoffe, die als krebserzeugend, krebsverdächtig oder erbgutverändernd eingestuft sind, gibt es keine MAK-Werte, da einerseits die Wirkung "Krebs" sich nicht mehr zurückbildet, wenn die Exposition aufhört und andererseits können theoretisch schon kleinste Mengen ausreichen, um Krebs auszulösen. Dies gilt z.B. für das in der Hybridgruppe eingesetzte Cadmium.

3. Schritt: Arbeitsbereichsanalyse

Der Ausdruck "Arbeitsbereichsanalyse" ist sehr weit gefaßt. Er beschreibt das vollständige, systematische Erfassen der im Bereich vorzufindenden Arbeitsbedingungen, Arbeitsverfahren und Arbeitsplatzverhältnisse (vgl. TRGS 402). Das optimale Ziel der Arbeitsbereichsanalyse ist die dauerhaft sichere Einhaltung von Grenzwerten. Abbildung 13.1 zeigt die hierzu notwendigen Schritte.

Angepaßte Vorgehensweise der Durchführung einer Arbeitsbereichsanalyse in einem mittelständischen Unternehmen:

Entscheidender Schritt zu Beginn der Arbeitsbereichsanalyse ist die Erfassung aller verwendeter oder im Prozeß entstehender Gefahrstoffe (Zwischen- und Reaktionsprodukte).

Im **ersten Schritt** wurden daher alle in der Hybridfertigung verwendeten Stoffe und Materialien erfaßt. Hierzu konnte auf das eigens für die Hybridfertigung entwickelte Datenbanksystem "Materialverwaltung" zurückgegriffen werden, da sichergestellt werden konnte, daß alle Stoffe hier mengenmäßig lückenlos erfaßt werden. An dieser Stelle zeigt sich ein weiterer Vorteil der Dezentralisierung von Funktionen des Organisationsmodells (vgl. Kapitel 7.1). Die vielfach übliche zentrale Materialverwaltung im Bereich des Einkaufs oder eines zentralen Lagers macht einen solchen bereichs- und prozeßorientierten Zugriff auf Stoffe in der Regel kaum möglich.

Im **zweiten Schritt** wurden zu allen Stoffen Sicherheitsdatenblätter angefordert. Mit Hilfe externer Experten wurden die Datenblätter auf ihre Aussagefähigkeit überprüft. Im Ergebnis mußten bei einer Vielzahl von Stoffen die Datenblätter als nicht aussagekräftig zurückgewiesen werden und bei den Herstellerfirmen verbesserte Informationen eingefordert werden. An dieser Stelle muß sehr deutlich auf die Schwierigkeiten und Probleme kleinerer und mittlerer Betriebe hingewiesen werden, die Informationen aus den Sicherheitsdatenblättern fachkundig zu beurteilen. Ohne externe Experten ist dies vielfach nicht möglich. Um so mehr steigt - wie im vorliegenden Fall - bei dezentralisierten Organisationsstrukturen mit hoher Funktionsintegration die Bedeutung der Qualifizierung, damit sichergestellt werden kann, daß die richtigen Fragen formuliert werden und Experten, ggf. auch aus dem eigenem Unternehmen, ausgewählt werden können.

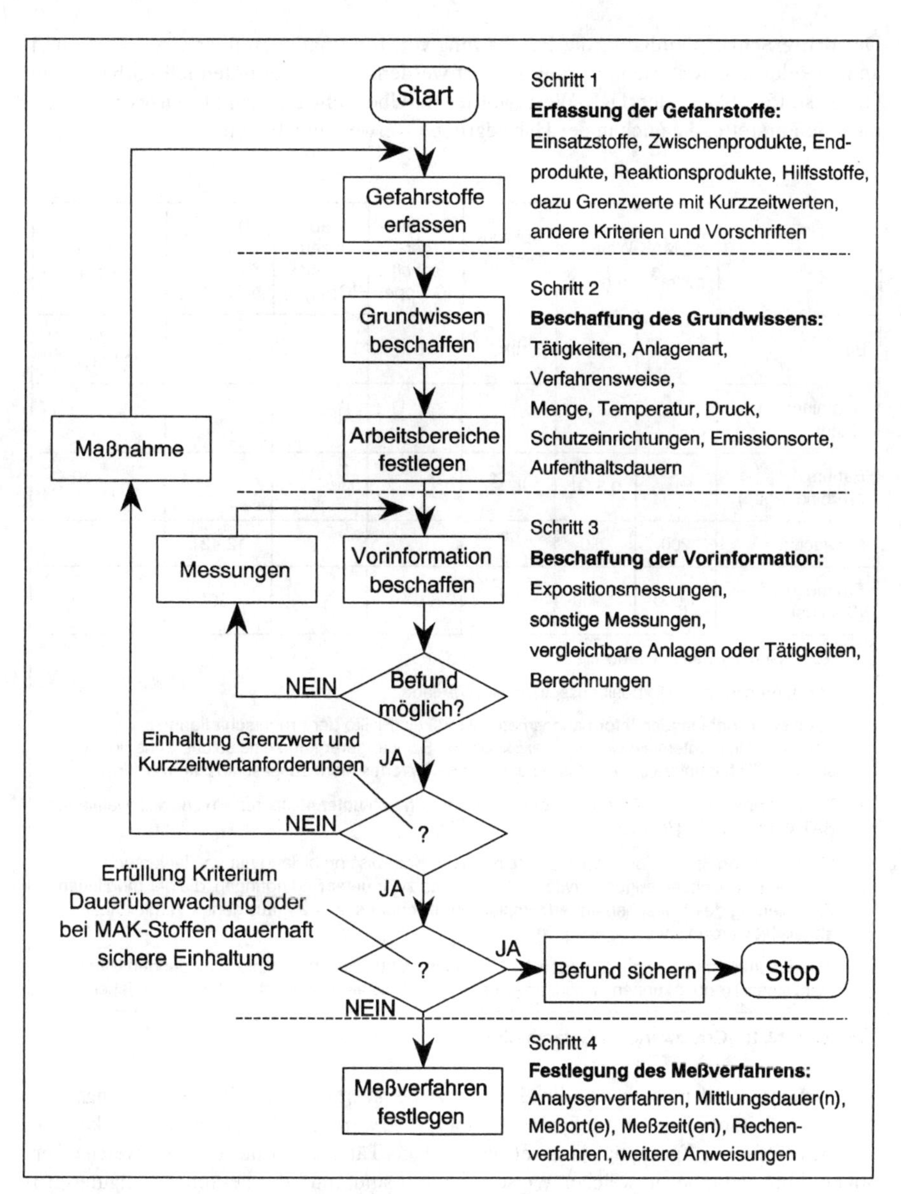

Abbildung 13.1: Ablauf Arbeitsbereichsanalyse

Der **dritte Schritt** beinhaltet die Beschaffung von Informationen über Grenzwerte und andere relevante Kriterien. Es muß geklärt werden, ob für die potentiell vorhandenen Gefahrstoffe MAK- oder TRK-Werte vorliegen. Übersicht 13.1 zeigt Grenzwerte für einige Gefahrstoffe, die auch in der Hybridgruppe Verwendung finden.

	MAK-Wert		Spitzen-begren-zung	Schwan-ger-schaft (Gruppe)	krebs-erzeu-gend (Gruppe)	Dampf-druck (mbar bei 20 °C)	BAT-Wert µg/dl
	ml/m^3	mg/m^3					
Blei		0,1 G[1]	III[2]	B[3]			70 30 Frauen[4]
Cadmium (Oxid)					III A 2[5]		
Barium (Verbindungen)		0,5 G[1]	II, 1[2]				
Butylacetat	200	950	I[2]			12 - 21	
Ethanol (Spiritus)	1.000	1.900	IV[2]	D[6]		59	

1 Gemessen als Gesamtstaub.

2 Zur Begrenzung von Expositionsspitzen siehe Anlage.

3 Nach dem vorliegenden Informationsmaterial muß ein Risiko der Fruchtschädigung als wahrscheinlich unterstellt werden. Bei Exposition Schwangerer kann eine solche Schädigung auch bei Einhaltung des MAK-Wertes und des BAT-Wertes nicht ausgeschlossen werden.

4 Zur Risikominimierung (Fruchtschädigung) gilt für Frauen unter 45 Jahren ein speziell evaluierter BAT-Wert von 30 g/dl Blut.

5 Gehört zu den Stoffen, die sich nach Meinung der Kommission bislang nur im Tierversuch eindeutig als krebserzeugend erwiesen haben, und zwar unter Bedingungen, die der möglichen Exponierung des Menschen am Arbeitsplatz vergleichbar sind, bzw. aus denen Vergleichbarkeit abgeleitet werden kann.

6 Eine Einstufung in eine der Gruppen A - C ist noch nicht möglich, weil die vorliegenden Daten wohl einen Trend erkennen lassen, aber für eine abschließende Bewertung nicht ausreichen.

Übersicht 13.1: Grenzwerte für Gefahrstoffe

Im **vierten Schritt** müssen alle eingesetzten Arbeitsverfahren auf ihr Gefährdungs- und Belastungspotential durch Gefahrstoffe überprüft werden. Um beurteilen zu können, welches Gefahrstoffpotential konkret bei welchen Tätigkeiten besteht und welche Personen ihm gegenüber in welcher Weise exponiert sind, muß der gesamte Fertigungsprozeß der Herstellung von Hybridschaltungen arbeitsgangbezogen daraufhin analysiert werden,

- welche Tätigkeiten in welcher Weise ausgeführt werden (inbesondere bei Reinigungs- und Instandhaltungsvorgängen sowie bei Arbeiten zur Störungsbeseitigung),
- welche Stoffe in welchen Mengen verwendet werden,
- mit welchen Anlagen und Maschinen gearbeitet wird,
- welche Stoffe während der Bearbeitung Druck- oder Temperaturveränderungen erfahren,
- in welcher Form Gefahrstoffe frei werden können,
- welche technischen Schutzeinrichtungen und Lüftungsmaßnahmen vorhanden sind und welche Wirkung sie haben,
- mit welchen persönlichen Schutzausrüstungen gearbeitet wird, und
- welche Verhaltensvorschriften bestehen.

Es wurde ein Schema der Prozeßschritte erstellt, das alle Schaltungsvarianten umfaßt. Für jeden Prozeßschritt, der einen Arbeitsgang darstellt, wurden anhand eines entwickelten Erfassungsbogens (vgl. GefStoffV, Anhang IV) alle (Teil-)Arbeitsschritte und die hier verwendeten Arbeitsstoffe, die Sicherheitsdatenblätter und weitere vorliegende Informationen zu den Stoffen, die Gefahrstoffe und die Formen ihres Auftretens bzw. Freiwerdens sowie die bereits ergriffenen Schutzmaßnahmen erhoben.

Zur Stoffbelastung und Mikroelektronik liegen bereits Erfahrungen vor, die aber nicht eins zu eins übertragbar sind (vgl. Sartori, Pahlmann 1990). Auf dieser Basis wurde nun geprüft, ob aufgrund der vorliegenden Informationen ein Befund bezüglich der dauerhaft sicheren Einhaltung von Grenzwerten möglich ist. Hierzu mußte wieder auf externes Expertenwissen zurückgegriffen werden.

13.3 Ergebnisse der Beurteilung der vorgefundenen Gefahrstoffe

Aufgrund der Analysen und Expertenaussagen fand eine Beurteilung der wichtigsten in der Hybridgruppe vorgefundenen Gefahrstoffe statt.

o **Blei**

In den verschiedenen Loten und Pasten ist zu einem erheblichen Prozentsatz Blei enthalten. Blei kann durch das Einatmen von bleihaltigem Staub, aber auch durch Verschlucken in den Körper gelangen. Hier ist vor allem mangelnde Arbeitsplatzhygiene eine wesentliche Ursache für die orale Bleiaufnahme.

Blei kann sich im Körper anreichern und zu verschiedenen Gesundheitsstörungen und Erkrankungen führen. Das Risiko der Fruchtschädigung in der Schwangerschaft ist wahrscheinlich. Bei einer Exposition Schwangerer kann eine solche Schädigung auch bei Einhaltung der Grenzwerte (MAK, BAT) nicht ausgeschlossen werden.

In der Hybridgruppe wurden im Durchschnitt der letzten drei Jahre knapp 27 kg Blei pro Jahr (im Maximalfall ca. 40 kg) in allen Stoffen verbraucht. Die meisten Anteile entfallen auf Stangenlot (ca. 23 kg), Lotpaste (2,5 kg), Röhrenlot (1,5 kg). Dies ist die Gesamtmenge des verbrauchten Bleis, nicht etwa die möglicherweise vom Körper aufgenommene. Um dies abschätzen zu können, ist es sinnvoll, sich eine Vorstellung darüber zu verschaffen, wieviel Blei bei welchen Tätigkeiten freigesetzt wird und potentiell in den menschlichen Körper gelangen kann.

Beim Weichlöten können ca. 2 Mikrogramm Blei pro Gramm Lot im Lötrauch freigesetzt werden (vgl. SIDHU U.A. 1987).

Beispielrechnungen mit Daten aus der Hybridfertigung aus den letzten drei Jahren:

	Durchschn. Jahres-verbrauch Gramm	möglicher Bleianteil im Lötrauch Mikrogramm	Max. Jahres-verbrauch Gramm	möglicher Bleianteil im Lötrauch Mikrogramm
Handlöten Röhrenlot SN62PBAG2	3.500	7.000	5.500	11.000
Wellelöten Stangenlot LSN60PB	56.560	11.300	94.640	189.000

Beurteilung Handlöten:

Der durchschnittliche Verbrauch pro Arbeitstag liegt für ca. 4 bis 5 Beschäftigte, die solche Lötarbeiten ausführen, bei 16 g (Maximal 26 g) Röhrenlot. (Durchschnittswerte für andere Arbeitsplätze in der Elektronikindustrie betragen ca. 160 g Lot/ Schicht und Beschäftigten.) Damit liegt die zu erwartende Bleibelastung nur bei 3 % der in dem Forschungsbericht meßtechnisch festgestellten Bleibelastung.

Geht man von 210 Arbeitstagen pro Jahr aus, so beträgt die möglicherweise emittierte Menge Blei **pro Tag** durchschnittlich ca. 33 µg (Maximal ca. 52 µg), die sich auf verschiedene Arbeitsbereiche und -räume verteilt. Da der Grenzwert für Blei 100 µg/m^3 beträgt, ist die inhalative Bleibelastung zu vernachlässigen und stellt kein Problem dar.

Zu berücksichtigen ist aber, daß sich die o.g. Verbrauchsmenge in der Hybridgruppe nicht gleichmäßig verteilt, sondern sich auf bestimmte Zeiten konzentrieren kann und ggf. Verbrauchsspitzen anfallen. Zu beachten sind außerdem die unterschiedlichen Arbeitsplatzbedingungen (z.B. Absaugungen) beim Handlöten und Löten an der Welle sowie unterschiedliches individuelles Verhalten der Löterinnen.

o **Cadmiumoxid**

Die Aufnahme in den menschlichen Körper erfolgt vor allem durch Inhalation (Lunge) und Verschlucken (z.B. auch in Form von Staub); besonders gefährlich ist die Aufnahme von Cadmiumoxid in Form von Rauch.

Cadmiumoxid ist ein Stoff, der sich im Tierversuch als eindeutig krebserzeugend erwiesen hat, und zwar unter Bedingungen, die der möglichen Exponierung des Menschen am Arbeitsplatz vergleichbar sind, bzw. aus denen Vergleichbarkeit abgeleitet werden kann. Für krebserzeugende Stoffe gibt es keinen Grenzwert, bei dessen Einhaltung das Risiko einer späteren Krebserkrankung ausgeschlossen ist. So können also auch sehr geringe Mengen Cadmium - wenn auch mit sehr kleiner Wahrscheinlichkeit - Krebs auslösen. Die Gefahrstoffverordnung sieht daher für den Umgang mit krebserzeugenden Stoffen ganz besondere Maßnahmen vor (Anhang II GefStoffV). Daher muß Cadmium, wo immer es möglich ist, durch einen ungefährlicheren Stoff ersetzt werden. Ist die Verwendung von cadmiumhaltigen Zubereitungen unumgänglich, muß unter allen Umständen verhindert werden, daß Cadmium in Form von Stäuben oder durch Verschlucken in den Körper gelangen kann. Aus diesem Grund besteht für Cadmium ein TRK-Wert.

Cadmium kann sich im menschlichen Körper anreichern und zu verschiedenen Gesundheitsbeeinträchtigungen und Erkrankungen führen. Cadmiumoxid, besonders in Form von Rauch, kann bereits in sehr niederen Konzentrationen von wenigen mg/m^3 lebensbedrohende Erkrankungen auslösen (KÜHN, BIRETT 1991, Bd. 6, C 01).

Im Durchschnitt werden in der Hybridgruppe knapp 200 g Cadmiumoxid im Jahr verbraucht (alle eingesetzte Stoffe zusammengenommen). Es ist zu überprüfen, ob sicher ausgeschlossen werden kann, daß Beschäftigte diesem Stoff ausgesetzt sind und ihn beispielsweise inhalieren oder verschlucken können. Unter Umständen ist mit cadmiumhaltigen Stäuben und Cadmiumoxidrauch im Bereich des Einbrennofens (Kamin, Rußpartikel) sowie beim Lasertrimmen zu rechnen.

o **Bariumverbindungen**

Bariumverbindungen sind vor allem gesundheitsschädlich beim Einatmen von Stäuben sowie beim Verschlucken, Stäube können zu Schleimhaut- und Augenreizungen führen. Aus den Sicherheitsdatenblättern ist nicht zu entnehmen, um welche Bariumverbindungen es sich handelt. Ohne diese Angaben können keine abschließenden Einschätzungen vorgenommen werden.

Mit bariumhaltigen Stäuben ist unter Umständen beim Einbrennen und Lasertrimmen zu rechnen.

o **Weitere Gefahrstoffe**

Weitere Gesundheitsgefährdungen, insbesondere in Form von Allergien, asthmatischen Erkrankungen, Hautschädigungen usw. können durch eine Vielzahl von Stoffe entstehen, insbesondere, wenn sie als sensibilisierend gekennzeichnet sind. Sensibilisierung heißt vereinfachend gesagt, daß eine zunehmende Empfindlichkeit gegenüber bestimmten Stoffen entsteht, die zu allergischen und asthmatischen Erkrankungen führen können. Allergische Erscheinungen der Haut und der Atemwege können je nach persönlicher Disposition und Konstitution in unterschiedlichem Maße und in unterschiedlichen Zeitabläufen ausgelöst werden. Hierzu reichen ggf. geringfügige, sich immer wiederholende Kontakte aus (auch in unregelmäßigen Zeitabläufen). Eine einmal erworbene Allergie bleibt in der Regel lebenslang bestehen. Auch wenn Stoffe nicht als sensibilisierend gekennzeichnet sind, ist dennoch eine entsprechende Wirkung nicht auszuschließen.

Unter diesen Gesichtspunkten sind insbesondere die folgenden Stoffe zu beachten:

- **Terpineol** in Pasten

  In der Vergangenheit sind in der Hybridgruppe beim Umgang mit Pasten Hauterkrankungen aufgetreten. Dies ist möglicherweise auf das früher in den Pasten enthaltene Lösemittel Terpentinöl zurückzuführen. Mittlerweile ist aufgrund der Information in den Sicherheitsdatenblättern Terpentinöl vielfach durch Terpineol ersetzt worden (zum Teil auch durch Pastenwechsel). Terpineol ist ein anderer Stoff als Terpentinöl, mit diesem aber verwandt. Es ist nicht auszuschließen, daß auch Terpineol zu Allergien beiträgt bzw. diese auslöst.

  Terpentinöl ist als sensibilisierend gekennzeichnet. Die Gefährdung der Sensibilisierung ist vor allem beim offenen Umgang mit Pasten gegeben, z.B. Hautkontakt beim Siebwechsel (zum Problem von Allergien und Sensibilisierung vgl. auch LECHTENBERG, LORENZ 1988).

- **Harze und Lösemittel** in Lotpasten können reizend auf Augen, Haut und Schleimhäute wirken, ggf. besteht auch hier die Gefahr der Sensibilisierung (s.o.).

  Beim Erhitzen auf über 120 °C z.B. auf der Reflow-Lötstrecke können Carbonsäuren und Crackprodukte entstehen, die schleimhautreizend wirken können.

- **Kolophonium** (Flußmittel) kann hautsensibilisierend und -irritierend, ggf. auch sensibilisierend auf die Atemwege (asthmatisch) wirken.

  Die Gefährdung ist vor allem beim Handlöten durch Spritzer und Einatmen der Dämpfe gegeben.

- **Epoxidharze** (z.B. Bisphenol A) können sensibilisierend, schleimhaut- und hautreizend wirken durch Hautkontakt und Einatmen.

  Gefährdung ist vor allem beim Verkapseln gegeben, aber auch beim Umgang mit dem Chip-Kleber (Epotek).

  Werden Temperaturen über 250 °C erreicht (z.B. im Härteofen), können gefährliche Zersetzungsprodukte als Gase oder Dämpfe entstehen (Kohlenmonoxid, Kohlendioxid, Phenole), die eingeatmet werden können.

- **Spiritus und Ethanol** werden zum Reinigen der Drucksiebe verwendet. Beim Ausblasen der Siebe mit Druckluft wird wahrscheinlich der MAK-Wert für diese Lösemittel kurzfristig überschritten (Geruch). Insgesamt besteht bei einem Verbrauch von ca. 2 l/Woche für das Reinigen von Sieben ein geringes Gefährdungspotential.

13.4 Expositionsmöglichkeiten der Beschäftigten gegenüber den Gefahrstoffen

Die Analyse der Abläufe zeigt, daß Beschäftigte bei verschiedenen Tätigkeiten mit diesen Stoffen in Berührung kommen können. Insbesondere sei hier genannt:

1) **Siebwechsel** (Pasten: Blei, Cadmium, Barium, Terpineol)

   Hautkontakte, Verunreinigung durch Verschleppung (Kleidung, Wischtuch, Tische, Türklinken, Arbeitsmittel), feine Verteilung durch Spirituslösung, Möglichkeit des Verschluckens, Inhalieren der Lösemitteldämpfe

2) **Einbrennen** (Pasten: Blei, Cadmium, Barium)

   Beim Einbrennen entstehen Stäube (Rußpartikel, die schwermetallhaltig sein können). Möglicherweise entsteht auch Cadmiumoxidrauch. Wichtig ist, daß dieser vollständig von der Absaugung des Ofens erfaßt wird.

3) **Lasertrimmen**

   Blei- und cadmiumhaltige Schichten werden thermisch durchschnitten. Es entstehen Rauche, die möglicherweise Cadmiumoxid und thermische Zersetzungsprodukte enthalten. Als Feinstäube sind sie lungengängig, deswegen dürfen sie nicht in die Atemluft gelangen.

4) **Wartungsarbeiten** (Blei, Cadmium, Barium)

   Insbesondere an Klima-Anlagen, Filtern u.ä. kann sich Staub ansammeln.

5) **Benutzung des Staubsaugers** (Blei, Cadmium, Barium)

   Der Filter im Staubsauger hält den Feinstaub nicht zurück, sondern verteilt ihn im Raum.

6) **Handlöten**

   Durch verdampfendes Flußmittel können Bleipartikel mitgerissen werden, die dann wiederum eingeatmet, verschluckt oder ggf. über Hautkontakt aufgenommen werden können (vgl. SIDHU U.A. 1987, S. 24); aber auch Gefährdung durch Kolophonium (Einatmen der Dämpfe).

7) **Beschicken und Reinigen des Lotbades**

   (durchschnittlicher Jahresverbrauch = ca. 56 kg, Bleianteil 22 kg, maximal knapp 100 kg = 38 kg Blei). Dieser Vorgang wurde bisher nicht untersucht. Es ist zu prüfen, ob hier Blei eingeatmet, verschluckt oder möglicherweise über die Haut aufgenommen werden kann.

8) **Anmischen des Chip-Klebers, Reinigen von Geräten**

   Hier sind Hautkontakte mit Epoxidharzen möglich.

13.5 Übergreifende Maßnahmen zur Reduzierung der Gesundheitsgefährdung

Um die mögliche Gesundheitsgefährdung beurteilen zu können, wurde konkret die Analyse der Staubzusammensetzung durch Wischproben empfohlen. Insbesondere im Bereich des Einbrennofens und des Lasertrimmers soll in einem geeigneten Verfahren Staub aufgenommen und von einem Fachinstitut analysiert werden. Weitere Maßnahmen sind ggf. aus den Ergebnissen abzuleiten.

Maßnahmenansätze:

o **Verringerung des Gefahrstoffpotentials**

Bei der Auswahl und Beschaffung von Arbeitsstoffen ist eine Prüfung des Gefahrstoffpotentials notwendig mit der Zielsetzung, möglichst wenig Gefahrstoffe in der Fertigung zu haben.

o **Technische Maßnahmen**

- Lotpaste nur im geschlossenen System löten (Reflow-Lötstrecke)
- Prüfen, ob beim Wellelöten die Absaugung noch etwas tiefer angebracht werden kann
- Falls nicht zuverlässig ausgeschlossen werden kann, daß in den Härteöfen 250 °C in keinem Fall erreicht werden, sollte eine Absaugung installiert werden.
- Falls die oben vorgeschlagenen Analysen den Staub am Ofen und Lasertrimmer als gesundheitsschädlich ausweisen, ist eine wirksame Absaugung zu installieren und eine regelmäßige Wartung vorzusehen. Die Schutzklappe am Lasertrimmer ist gegen Entweichen des Staubs abzudichten. Wenn mit Staubsauger gearbeitet wird, dann **nur** mit einem entsprechenden Rückhaltesystem (BG-geprüft).
- An Löt- und Verkapselungsarbeitsplätzen ist die Absaugung zu verbessern. Filtergeräte haben nur eingeschränkte Wirksamkeit. Es sollten Strömungsprüfer beschafft und in regelmäßigen Abständen die Luft- und Strömungsverhältnisse überprüft werden.

o **Stellung und Nutzung geeigneter persönlicher Schutzausrüstung**

- Zur Siebreinigung sind nur alkoholdichte, für Arbeiten mit Terpineol geeignete Schutzhandschuhe zu verwenden. Dabei sind die Standzeiten der Handschuhe zu beachten!
- Beim Umgang mit Epoxidharzen (Kleber, Vergußmasse) bei der IC-Bestückung und beim Verkapseln sind Schutzhandschuhe aus Gummi, beschichtetem Gewebe oder geeignetem Kunststoff zu verwenden.

  Nach Arbeitsschluß müssen die Handschuhe gereinigt werden, wobei ebenfalls Handschuhe zu tragen sind.
- Statt Cremes sollte Hautschutzsalbe verwendet werden.

- Bei Wartungsarbeiten (Filterwechsel, Ofenreinigung u.ä.) sind geeignete Feinstaubmasken zu benutzen, um das Einatmen und Verschlucken von Stäuben zu vermeiden.
- Für die Spiritusdruckreinigung der Siebe sollte eine Handschuh-Box bereitgestellt werden.

o **Arbeitshygiene**

- Nicht essen und trinken im Arbeitsbereich!
- Hände waschen!
- Verschleppung der Stoffe vermeiden:

  Sorgfältige Reinigung, möglichst keine Gegenstände mit verunreinigten Handschuhen anfassen, ggf. sofort reinigen!
- Vor Betreten des Frühstücksraums Arbeitskittel ausziehen! Kittel nicht mit in den Eßraum nehmen!
- Tische, auf denen offen mit Pasten umgegangen wird (z.B. bei Siebwechsel und -reinigung), mit Papier abdecken, das anschließend komplett entsorgt werden kann. (Hierdurch verringert sich der mögliche Hautkontakt mit den Pasten bei der Reinigung des Tischs.)

o **Unterweisung der Beschäftigten nach der Gefahrstoffverordnung**

Die Unterweisung der Beschäftigten kann z.B. in regelmäßigen Gruppengesprächen erfolgen, in denen die möglichen Gefährdungen in Zusammenhang mit den Tätigkeiten und den erforderlichen Schutzmaßnahmen sowie Verhaltensweisen diskutiert werden. Dabei ist eine Einbettung in das Bausteinkonzept zur Qualifizierung sinnvoll (vgl. Kapitel 10).

o **Betriebsanweisungen**

Ein wichtiges Kennzeichen von Betriebsanweisungen ist, daß sie arbeitsplatz- und tätigkeitsbezogen abgefaßt sind, d.h. sie müssen konkrete Anordnungen enthalten, wie am Arbeitsplatz bzw. bei bestimmten Tätigkeiten zu verfahren ist. Sie müssen die konkreten Verfahren und Abläufe berücksichtigen, die beim Umgang mit den eingesetzten Gefahrstoffen vorkommen. Das bedeutet, daß Betriebsanweisungen individuell erstellt werden müssen, um die eigenen Bedingungen des Arbeitsplatzes zu erfassen, z.B. optimale Einstellung der Absaugung, je nach Lage des Arbeitsplatzes im Raum (Querluft usw.).

Anhand der Betriebsanweisungen muß in regelmäßigen Abständen eine Unterweisung der Beschäftigten erfolgen. Der Vorgesetzte hat die Einhaltung der Betriebsanweisung zu überprüfen.

- **Beschäftigungsbeschränkungen**

  Beschäftigungsbeschränkungen ergeben sich aus dem Umgang mit Blei:

  - **Werdende Mütter** dürfen mit bleihaltigen Stoffen nicht beschäftigt werden, wenn sie bei bestimmungsgemäßem Umgang den bleihaltigen Stoffen ausgesetzt sind.
  - **Gebärfähige Frauen und stillende Mütter** dürfen beim Umgang mit bleihaltigen Stoffen nicht beschäftigt werden, wenn die Auslöseschwelle überschritten ist. Die Auslöseschwelle ist die Konzentration von Blei oder Bleiverbindungen in der Luft am Arbeitsplatz oder im Körper, bei deren Überschreitung zusätzliche Maßnahmen zum Schutz der Gesundheit erforderlich sind. Die Auslöseschwelle ist überschritten, wenn der MAK-Wert oder der BAT-Wert überschritten ist.

Durchgeführte Einzelmaßnahmen:

Im Laufe des A&T-Projekts sind zahlreiche Maßnahmen zur Verbesserung der Situation beim Umgang mit Gefahrstoffen in der Fertigung von Hybridschaltungen getroffen und positive Effekte erzielt worden:

- Teilweise deutliche Verringerung des Gefahrstoffpotentials insbesondere in Pasten:
  - Cadmium von 5-%- bis 10-%-Anteil auf 0,2 %
  - Blei von 30-%- bis 50-%-Anteil in einigen Pasten auf 0 %
  - Ersatz des sensibilisierenden Terpentinöls durch Terpineol
- Einsatz geschlossener Systeme
- Verbesserung der Absaugungen an verschiedenen Arbeitsplätzen
- Verbesserung der Arbeitshygiene
- Regelmäßige Unterweisungen
- Erstellen von Betriebsanweisungen
- Höheres Problembewußtsein bei allen Beteiligten

Die durchgeführten bzw. noch vorgesehenen Maßnahmen haben zu einer deutlichen Erhöhung des Arbeitsschutzniveaus geführt. Bestehende Risiken wurden erheblich verringert.

Innovationsfähigkeit bedeutet auch, das Gesundheitsrisiko der Beschäftigten bei der Einführung neuer Verfahren und Produkte möglichst gering zu halten. Daher ist die Erfassung des Gefahrstoffpotentials insbesondere bei geplanten Veränderungen im Arbeitssystem von großer Bedeutung, um bereits im Vorfeld der Installierung neuer Technik durch geeignete Maßnahmen eine Minimierung der Beanspruchung durch Gefahrstoffe zu erreichen. Die oben beschriebene Vorgehensweise wurde angepaßt auf eine Produkt- und Verfahrensveränderung in der Planungsphase angewendet (vgl. Kapitel 14.1).

14 Transfer und Projekterfahrung

14.1 Betriebsinterner Transfer und erweiterte Wirtschaftlichkeitsbetrachtung

Seitens der Geschäftsleitung war die komplette Übernahme einer für das Unternehmen neuen Produktlinie von einem anderen Elektronikhersteller beschlossen worden. Hiermit sollte eine Lücke im Produktprogramm geschlossen und eine Stärkung der Marktstellung erreicht werden. Das Produkt basiert auf Hybridtechnologie, setzt aber spezielles Know-how, z.T. andere Verfahrenstechnik und technische Ausrüstung als bislang bei E-T-A eingesetzt, voraus. Dieses wurde weitgehend mit übernommen. Das Unternehmen stand nun vor der Fragestellung, in welcher Weise das Produkt mit seiner Fertigungslinie integriert werden sollte. Aufgrund der Art des Produkts und der eingesetzten Technologie lag die Integration in oder die Anlagerung an die Hybridgruppe nahe.

In diesem Zusammenhang stellte sich die Frage, inwieweit sich Vorgehensweisen und Konzepte, die im Rahmen des A&T-Projekts in der Hybridgruppe entwickelt wurden, auf die vorliegende Problemstellung übertragen lassen. Es ließen sich zunächst deutliche Überschneidungen zwischen den Aufgabenstellungen der Implementation der neuen Fertigungslinie und den Ansätzen und Ergebnissen des A&T-Projekts erkennen.

- o Mit der Übernahme waren für E-T-A neue Anforderungen verbunden. Die speziell für das Produkt zusammengestellten z.T. mit Sonderkonstruktionen bestückten Anlagen sollten gerüstet, bedient, gesteuert, gewartet und repariert werden können.
- o Das Produkt ist aus einem Sensorhybrid und einem darauf präzise abgestimmten Steuerhybrid zusammengesetzt. Dies macht eine frühe Zuordnung der beiden Produktkomponenten während der Produktion erforderlich. Hierzu muß für jede einzelne Schaltung ein erhöhter Aufwand an Kennzeichnung und Datentransfer getrieben werden.
- o Das Produkt stellt hohe Anforderungen an die Qualitätssicherung. Der Fertigungsprozeß sollte auf einem hohen Qualitätsniveau beherrscht werden. Es war deshalb mit weiteren Entwicklungs- und Optimierungsanstrengungen zur Prozeßsicherheit und Qualitätssicherung zu rechnen.
- o Die Fertigungs- und Arbeitsorganisation, insbesondere auch die Planung und Steuerung der Produktionsabläufe, mußten auf die Verhältnisse bei E-T-A angepaßt gestaltet werden.
- o Die bisher bei E-T-A tätigen bzw. neu eingestellten Mitarbeiter mußten für ihre neuen Aufgaben in der Fertigungslinie qualifiziert werden.
- o Mit der Fertigung des neuen Produkts waren neue Arbeitsschutzfragen verbunden, insbesondere bezüglich Gefahrstoffe.

Aus der Beurteilung dieser Ausgangssituation wurde ein vier Schritte umfassender Ansatz entwickelt, um die bislang bereits entwickelten Ansätze und Konzepte auf die Integration der neuen Fertigungslinie zu übertragen und für diese nutzbar zu machen.

Erster Schritt: Beteiligung der später in der Fertigung Beschäftigten am Entwicklungs- und Integrationsprozeß der neuen Fertigungslinie, womit bereits Qualifizierungs- und Identifikationseffekte zur optimalen Inbetriebnahme der Fertigungslinie verbunden sind (Förderung der Eigenständigkeit und des Verantwortungsbewußtseins)

Zweiter Schritt: Entwicklung von Alternativen für ein angepaßtes Produktionskonzept

Dritter Schritt: Beurteilung der Alternativen mit Methoden der erweiterten Wirtschaftlichkeitsbetrachtung

Vierter Schritt: Entwicklung einer Implementierungsstrategie für die neue Fertigungslinie

Durch die Einbeziehung von verschiedenen Betroffenen entwickelten sich zunächst unabhängig voneinander unterschiedliche Vorstellungen über die Art und Weise der Arbeitsorganisation und der Integration der Fertigungslinie in die Abteilung "Elektronik". Durch Befragungen und Gruppengespräche wurden diese Ansätze gebündelt. Im Ergebnis konnten drei alternative Modelle der Arbeitsorganisation entwickelt werden (Abbildung 14.1).

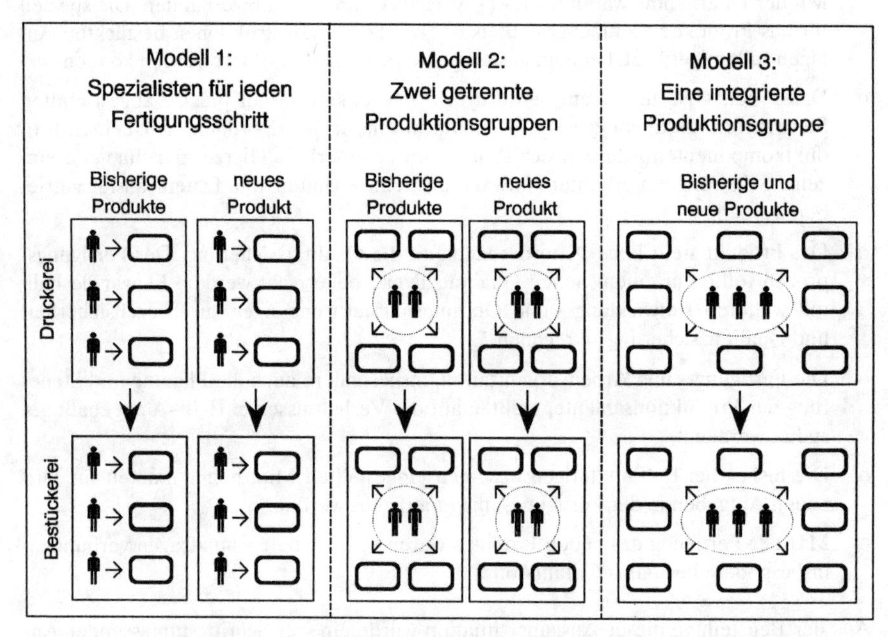

Abbildung 14.1: Modelle zur organisatorischen Integration der neuen Fertigungslinie

Die Modelle 1 und 2 gehen von einer getrennten Produktion der bisherigen Hybridprodukte und des neuen Hybridprodukts in zwei unabhängigen Fertigungslinien aus. Die beiden Modelle unterscheiden sich stark in ihrer Arbeitsorganisation. Während in Modell 1 zumindest für die neue Fertigungslinie eine traditionelle, arbeitsteilige Organisation vorgesehen ist, wird in Modell 2 eine gruppenorientierte Organisation vorgeschlagen. Dabei sollen die Erkenntnisse aus dem A&T-Projekt übertragen werden. Modell 3 unterscheidet sich von Modell 2 dadurch, daß hier die vollständige Integration der neuen Fertigungslinie in die Hybridgruppe stattfinden soll.

Verbunden mit den arbeitsorganisatorischen Aspekten der Alternativen wurde weiterhin diskutiert, ob das Konzept der qualifizierten Produktionsarbeit in Teams mit Selbstplanung und -steuerung auch in der neuen Fertigungslinie übernommen werden sollte. Ansätze zur Qualitätssicherung (u.a. Prüfung der eigenen Arbeit, Qualitätslenkung direkt vor Ort), Qualifizierungsansätze (Bausteinkonzept, Lernbereitschaft, Selbstqualifizierung, interne Qualifizierung), Konzepte zur Ermittlung der Gefahrstoffsituation der neuen Fertigungslinie sowie frühzeitige Einbettung von Maßnahmen zur Vermeidung gesundheitlicher Risiken bei den Umbau- und Installationsmaßnahmen sollten ebenfalls auf Übertragbarkeit geprüft werden.

Die Entscheidung über die Auswahl eines der vorgeschlagenen Modelle sollte vor einem möglichst gesicherten Hintergrund fallen. Um Sicherheit im Entscheidungsprozeß zu gewinnen, wurde eine vergleichende Bewertung der Modelle durch Verfahren der erweiterten Wirtschaftlichkeitsbetrachtung vorgenommen. Solche Verfahren zielen darauf, die Defizite traditioneller Wirtschaftlichkeitsrechnungen hinsichtlich qualitativer Effekte durch geeignete ergänzende Verfahren zu verringern. Neben der Investitionsvergleichsrechnung oder Kostenbetrachtung werden daher Verfahren der Nutzwertanalyse und der Arbeitssystemwertermittlung angewendet (vgl. ZANGEMEISTER 1988, AUCH 1991).

Bislang vorliegende erweiterte Wirtschaftlichkeitsverfahren richten sich auf die Abwägung von Ertragschancen und Kostenrisiken vor allem bei Investitionen unter Einbeziehung möglichst aller Kriterien, die für die Beurteilung von Bedeutung sein können, unabhängig davon, ob sie quantifizierbar sind oder nicht. Die Auswahl und Bewertung einzelner Kriterien ist dabei aus den Unternehmenszielen abzuleiten.

Im vorliegenden Fall weicht die Anwendung erweiterter Wirtschaftlichkeitsverfahren von der "klassischen" Vorgehensweise einer ganzheitlichen Investitionsplanung ab. Aufgrund der besonderen Konstellation war die grundsätzliche Entscheidung der Übernahme des neuen Produkts einschließlich Know-how, Vertriebswegen und technologischer Ausrüstung in einer ersten Entscheidungsstufe durch die Geschäftsleitung bereits festgelegt. In der zweiten Stufe sollten die Chancen und Möglichkeiten der unterschiedlichen Modelle der Arbeitsgestaltung beurteilt werden.

Insbesondere sollte mit der Anwendung der erweiterten Wirtschaftlichkeitsbewertung erreicht werden,

- o den Meinungsbildungsprozeß zu strukturieren und damit die Überschaubarkeit und Transparenz des Entscheidungsprozesses zu erhöhen,
- o Humanfaktoren und andere nicht quantifizierbare Zielbeiträge zu berücksichtigen, die sonst häufig nicht ausreichend beachtet werden und später zu negativen Begleiterscheinungen (z.B. geringe Akzeptanz, Verfehlung der Produktionsziele) und unerwarteten Zusatzkosten (z.B. hohe Ausschußraten, Nachrüstungen, Nachqualifizierungen) führen,
- o Schwachstellen frühzeitig aufzudecken und damit zur Reduzierung des Investitionsrestrisikos und zur Unterstützung der Entscheidung über die Art und Weise der Integration der Fertigungslinie beizutragen.

In einem ersten Schritt wurden die in der Fachliteratur bekannten Bewertungsverfahren gesichtet und auf ihre Nutzbarkeit für den konkreten Fall geprüft. Hierzu wurde die Vorgehensweise der erweiterten Wirtschaftlichkeitsbewertung (AUCH 1991, ZANGEMEISTER 1988) in einer Arbeitsgruppe vorgestellt und diskutiert. Im Blick auf die Anwendung der Bewertungsverfahren im konkreten Fall wurden gegen diese Verfahrensweise zahlreiche Vorbehalte zusammengetragen:

- o Einige Fragestellungen (z.B. Zieldefinition, Unternehmenspolitik) können nur durch Entscheidungsträger (Geschäfts- oder Abteilungsleitung) beantwortet werden, die aber für die Arbeitsgruppe nicht in ausreichendem Maß zur Verfügung stehen.
- o Die für die Bewertung benötigten Daten stehen z.T. nicht zur Verfügung oder sind nur mit großem Aufwand zu ermitteln oder zu beschaffen.
- o Die Auswahl der Bewertungskriterien, die Festlegung für die Gewichtungsfaktoren und die Bestimmung der Erfüllungsfaktoren sind sehr subjektiv, so daß die daraus errechneten Werte in ihrem Zustandekommem kaum nachvollziehbar sind und deshalb mit Skepsis betrachtet werden.
- o Handfeste, klare Argumente erscheinen den Betriebspraktikern als Entscheidungsgrundlage geeigneter zu sein, als z.B. abstrakte Nutzwerte.
- o Einige Kriterien sind nicht quantifizierbar und damit keine "harten" Kriterien; der Umgang mit ihnen und insbesondere ihre Umsetzung in Zahlenwerte ist ungewohnt. Dies fördert die Unsicherheit im Umgang mit dem Verfahren und bei der Bewertung der Ergebnisse.
- o Die Ergebnisse der Nutzwert- oder Arbeitssystemwertanalyse erscheinen den Betriebspraktikern zu komplex und durch ihre Verdichtung in Bewertungsziffern nicht mehr nachvollziehbar.
- o Das Verfahren ist relativ zur Größe der betroffenen Produktionsbereiche zu aufwendig und zu kompliziert. Ressourcen (insbesondere Personal- und Zeitkapazität) und Abläufe entsprechen im vorliegenden Fall nicht denen eines Großbetriebs.

Die vorgetragene Kritik korrespondiert weitgehend mit den in der Literatur dokumentierten Erfahrungen (GOTTSCHALK 1989, S. 148). Es wurde deshalb vorgeschlagen, die erweiterte Wirtschaftlichkeitsbewertung mit Hilfe einer Argumentenbilanz durchzuführen (vgl. GOTTSCHALK 1989, Anhang Teil C).

Unter den Rahmenbedingungen der bereits gefallenen grundsätzlichen Entscheidung der Übernahme der Produktlinie wurde auch auf eine klassische Investitionsrechnung verzichtet. Es sollte stattdessen versucht werden, die Vor- und Nachteile der drei arbeitsorganisatorischen Alternativen in ihrer Verknüpfung mit weiteren Elementen der Arbeitsgestaltung anhand konsensfähiger Kriterien zu beurteilen. Auf dieser Basis sollte dann der jeweilige Zusatzaufwand (z.B. durch Qualifizierungsaufwendungen, Arbeitsschutzmaßnahmen usw.) zusammengestellt und eine Entscheidung über eine Alternative herbeigeführt werden.

Um zu einer abgesicherten Entscheidung zu kommen, ist die Einhaltung von bestimmten Ablaufschritten der erweiterten Wirtschaftlichkeitsbetrachtung bedeutsam. Auch bei der Durchführung der erweiterten Wirtschaftlichkeit mit Hilfe der Argumentenbilanz sollte folgende Vorgehensweise eingehalten werden (vgl. u.a. AUCH 1991, THIEHOFF 1992). Dabei wird aber hier anstelle von Wirtschaftlichkeitsrechnung und Ermittlung von Zahlenwerten durch Arbeitssystemwert- oder Nutzwertanalyse eine explizite Bewertung durch Gegenüberstellung von Argumenten (s. Schritt 5) erreicht:

1) Zielfindungsdiskussion
2) Situationsanalyse (Ist-Aufnahme, Schwachstellen)
3) Bildung und Charakterisierung von Lösungsalternativen
4) Erarbeitung von Bewertungskriterien in Anlehnung an den Zielkatalog
5) Erstellung der Argumentenbilanz der Lösungsalternativen mit Hilfe der Bewertungskriterien
6) Gewichtung der Argumente durch alle Beteiligten mit der Möglichkeit, abweichende oder kontroverse Gewichtungen zu dokumentieren
7) Präsentation und Entscheidung

Mit dieser Vorgehensweise sind sowohl gegenüber den "Entscheidungen aus dem Bauch", wie sie vielfach in Klein- und Mittelbetrieben getroffen werden, aber auch gegenüber der formalisierten Ermittlung von Wirtschaftlichkeitskennziffern einige Vorteile verbunden. Da der personelle und zeitliche Aufwand des Verfahrens begrenzt ist, eignet es sich besonders für Klein- und Mittelbetriebe. Das Verfahren ist auch bei unzureichender Datenlage anwendbar. Vorhandene Einzeldaten oder konventionelle Kostenrechnungen können berücksichtigt und u.U. in Argumente übersetzt oder ähnlich wie in den Standardverfahren der erweiterten Wirtschaftlichkeitsbetrachtung als eigene Kriterien herangezogen werden. Der argumentative Umgang mit nicht quantifizierbaren Kriterien ist in der Regel leichter nachvollziehbar und für die Betriebspraktiker gewohnter als die Transformation in Zahlenwerte. Es wird keine nicht vorhandene Präzision und Objektivität der Bewertung vorgetäuscht.

Der Hauptvorteil des Verfahrens ist aber darin zu sehen, daß eine intensive inhaltliche Beschäftigung mit den Lösungsalternativen gefördert wird.

Die Schritte der Vorgehensweise werden im folgenden kurz skizziert.

Erster Schritt: Zielfindungsdiskussion

Ausgehend von den seitens der Geschäftsleitung vorgegebenen strategischen Zielen, wie z.B. der Sicherung eines neuen Marktsegments, der Präsentation von Innovationskompetenz und der hohen Zuverlässigkeit gegenüber Kunden, wurden in einer Arbeitsgruppe in einem Zielfindungsprozeß strategische Ziele operationalisiert:

- o Möglichst nahtlose Übernahme der Produktion vom bisherigen Produzenten; durchgängige Bedienung der bisherigen Kunden
- o Rückgewinnung verlorengegangener früherer Kunden des Produkts und Zufriedenstellung der bisherigen Kunden
- o Erzielung einer mindestens kostendeckenden Produktion (bzw. eine entsprechende Auslastung)
- o Schnelle Beherrschung und Verbesserung des Prozesses und der Verfahrenstechnik
- o Zuverlässige Termintreue
- o Hohe Prozeßsicherheit und Produktqualität
- o Erreichen eines hohen Flexibilitätsniveaus
- o Bei Integration der neuen Fertigungslinie in die Hybridgruppe Sicherstellung der bedarfsgerechten Produktion der bisherigen Hybridprodukte, insbesondere Befriedigung der Hausaufträge
- o Menschengerechte Gestaltung von Arbeit und Technik

Es wird deutlich, daß einige der genannten Ziele nicht unabhängig voneinander sind. So können einerseits z.B. frühere Kunden sicher nur durch ein deutlich verbessertes Leistungsangebot, also Zuverlässigkeit, Termintreue, hoher Qualitätsstandard, flexibles Eingehen auf Kundenwünsche usw. erreicht werden. Andererseits können aus den in der Liste genannten Zielen weitere Ziele abgeleitet werden. So ist z.B. eine hohe Flexibilität nur erreichbar, wenn die Arbeitssituation schnelles Reagieren und die notwendigen Handlungsspielräume zulassen. In der Arbeitsgruppe wurden daher vier Gruppen von Zielkriterien gebildet, die sich unter den Oberbegriffen "Qualität", "Flexibilität", "Lieferfähigkeit/Termintreue" und "Menschengerechte Arbeitsgestaltung" bündeln lassen.

Zweiter Schritt: Situationsanalyse

Die Situationsanalyse setzte sich aus zwei Teilen zusammen.

- o Im ersten Teil wurden die Verhältnisse der Hybridgruppe mit ihren Stärken und Schwächen ermittelt, die Auswirkungen auf die Integration der neuen Fertigungslinie haben können. Hierzu konnte auf die bisherigen Ergebnisse aus dem Projekt zurückgegriffen werden.
- o Der zweite Teil beschreibt die Situation, die durch die Vorgabe der Integration des neuen Produkts in das Unternehmen entstanden ist (s.o.).

Dritter Schritt: Alternativenbildung

Die Lösungsalternativen des dritten Bewertungsschritts entsprechen den Modellen 1 bis 3 (vgl. Abbildung 14.1). Dabei wurden sie anhand der Stichworte "Arbeitsorganisation", "Leitung, Steuerung", "Produktionsplanung", "Qualifizierung", "Qualitätssicherung" und "Arbeitsschutz" genauer charakterisiert (Übersicht 14.1):

Übersicht 14.1: Charakteristika der drei Alternativen

	Modell 1	Modell 2	Modell 3
Arbeitsorganisation	Arbeitsteilige Produktion (eine Person, ein Fertigungsschritt)	Gruppenorientierte Produktionsarbeit	Gruppenorientierte Produktionsarbeit
	Fertigungsschrittweise getrennte Betreuung	Getrennt nach Produktlinie sowie Dickschicht und Hybrid	Keine Trennung nach Produktlinie, nur nach Dickschicht und Hybrid
	Wenig Arbeitsplatzwechsel	Regelmäßige Arbeitsplatzwechsel innerhalb der Produktlinie	Regelmäßige Arbeitsplatzwechsel
Leitung, Steuerung	Hierarchisch, Aufgabenzuteilung, Ausführungskontrolle einzelner Mitarbeiter, zentrale Aufgaben der Führungskräfte	Kooperativ, Aufgabenzuteilung in Absprache, Mitverantwortung der Arbeitsgruppe, Führungskräfte greifen nur bei Bedarf ein	Kooperativ, Aufgabenzuteilung in Absprache, Mitverantwortung der Arbeitsgruppe, Führungskräfte greifen nur bei Bedarf ein
Produktionsplanung	Detaillierte Produktionsplanung mit enger Arbeitszuweisung	Grobe Kapazitätsplanung	Grobe Kapazitätsplanung
		Selbständige Feinplanung in den Gruppen	Selbständige Feinplanung in der Gruppe
Qualifizierung	Spezielle Einzelqualifizierung	Getrennte Grundqualifizierung in Gruppen	Gemeinsame Grundqualifizierung in einer Gruppe
		Gegenseitiges Anlernen	Gegenseitiges Anlernen
	Arbeitsplatzbezogene "Experten"-entwicklung	Flexible Spezialisierung	Flexible Spezialisierung
Qualitätssicherung	Teilweise Trennung von Produktion und Prüfung	Zusammen produzieren und prüfen	Zusammen produzieren und prüfen
	Qualitätslenkende Maßnahmen eingeschränkt (lange Wege)	Direkte qualitätslenkende Maßnahmen	Direkte qualitätslenkende Maßnahmen
Arbeitsschutz	Lange Verweildauer an einem Arbeitsplatz	Begrenzte Verweildauer an einem Arbeitsplatz	Begrenzte Verweildauer an einem Arbeitsplatz

Vierter Schritt: Ableitung von Bewertungskriterien

Im vierten Schritt wurden aus dem o.a. Zielkatalog die Bewertungskriterien abgeleitet. Die vier Gruppen von Zielkriterien wurden hierzu weiter operationalisiert.

Übersicht 14.2 zeigt links die Ziele und in der mittleren Spalte die hieraus ermittelten Bewertungskriterien. Zur Unterstützung der Bewertung wurden in der rechten Spalte wichtige Einflußfaktoren ergänzt, die für eine Erfüllung des Kriteriums wichtig sein können.

Übersicht 14.2: Bewertungskriterien zur Nutzwertanalyse

Ziele	Bewertungskriterien	Einflußfaktoren
1. Qualität		
1.1 Erhöhung der Prozeßsicherheit	Fehler erkennen Fehlerursachen im Prozeß erkennen Eingriffsmöglichkeiten	Prozeßübergreifende Kenntnisse Fehlerkommunikation Qualifizierung
1.2 Geringer Ausschuß, Verringerung von Nacharbeiten	Nacharbeiten, Gesamtausschuß (bezüglich gestarteten Substraten)	Verantwortung Prozeßübergreifende Kenntnisse
1.3 Schnelle Umsetzung von Kundenanforderungen bezüglich Qualität	Qualitätsmerkmale definieren Maßnahmen ableiten	Arbeitsbesprechung Qualifizierung
2. Flexibilität		
2.1 Schnelle Reaktion auf Auftragsanfragen	Machbarkeit einschätzen Kostenkalkulation Layoutentwicklung	Wärmesimulation Realistische Datenbasis
2.2 Umrüstflexibilität, Störungsflexibilität	Musterproduktion Schnelle Produktionsumstellung Schnelle Instandsetzung Nutzung von Ausweichkapazität	Flexibles Einschieben in Produktion Flexibler Einsatz von Personal und Maschinen Qualifikation
3. Lieferfähigkeit/ Termintreue		
3.1 Realistische Terminzusagen	Durchlaufzeiten kennen Einzeldurchlauf einschätzen	Planung Überblick über Kapazitätsbelastung Qualifizierung
3.2 Termineinhaltung	Produktionssteuerung	Auftragssplitting Zeitliche Verlagerung Technische Verlagerung
3.3 Kurzfristige Lieferfähigkeit	Produktionssteuerung	Hohe Prozeßsicherheit Rüstoptimierung Relativ kleine Losgrößen Kurze Durchlaufzeiten Kurzfristige Bauteilverfügbarkeit

Übersicht 14.2: Bewertungskriterien zur Nutzwertanalyse (Fortsetzung)

	Ziele	Bewertungskriterien	Einflußfaktoren
4.	**Menschengerechte Arbeitsgestaltung**		
4.1	Belastungssituation	Augenbelastungen Zwangshaltung Zeitdruck Konzentrationsanforderungen	Z.B. halbtägiger Arbeitsplatzwechsel Arbeitsmedizinische Betreuung Information über Gesundheitsbelastung
4.2	Gesundheitsschutz	Gefahrstoffexposition	Ersatzstoffe Technische Maßnahmen Organisatorische Maßnahmen Umgang mit Gefahrstoffen
4.3	Arbeitssituation	Zusammenarbeit Handlungsspielraum, Verantwortung Kommunikationsmöglichkeiten Überschaubarkeit	Teamarbeit Ganzheitliche Arbeitsaufgaben Lernmöglichkeiten

Fünfter Schritt: Argumentenbilanz

Anschließend wurde die eigentliche Argumentenbilanzierung durchgeführt. Anhand der Bewertungskriterien wurden in einem Gruppenprozeß zu den einzelnen Alternativen positive und negative Argumente zusammengetragen. Übersicht 14.3 zeigt einen Auszug aus der Argumentenbilanz, in der aufgrund geringer Unterschiede der Argumente die Modelle 2 und 3 gemeinsam dargestellt wurden. Bei den Modellen 1 und 2 konzentriert sich die Bewertung auf die neue Fertigungslinie.

Sechster Schritt: Gewichtung der Argumente

Da nicht alle Argumente gleichgewichtig nebeneinander stehen, wurde vorgeschlagen, die Argumente nach ihrer Wichtigkeit zu kategorisieren. Zur Gewichtung der Argumente wurde die Argumentenbilanz verschiedenen Betroffenen und Entscheidungsträgern vorgelegt. Bewährt hat sich eine vierstufige Skala (Sehr wichtig, wichtig, weniger wichtig, unwichtig). Unterschiedliche Bewertungen der Wichtigkeit sollen erfaßt und festgehalten werden. Eine Aussonderung von Argumenten erfolgte nur dann, wenn diese von allen als unwichtig betrachtet wurden.

Übersicht 14.3: Auszug aus der Argumentenbilanz

Modell 1	Modelle 2 und 3
2.2 Umrüst- und Störungsflexibilität	
Rüstoptimierung nur durch Vorgesetzte möglich (hoher Steuerungsaufwand)	Gute Möglichkeiten zur Rüstoptimierung durch die Produktionsteams
Nur eingeschränkte und mit großem Steuerungsaufwand verbundene Möglichkeit des flexiblen Einsatzes von Maschinen und Personal	Gute Möglichkeiten des flexiblen Einsatzes von Maschinen und Personal durch das Produktionsteam Bei Modell 2: Relativ geringe Flexibilität bezüglich Schwankungen der Auftragslage der beiden Produktlinien Bei Modell 3: Hohe Flexibilität auch zwischen den beiden Produktlinien
Aufgrund "Arbeitsplatzegoismen" geringe Bereitschaft zur flexiblen Reaktion auf Störungen, Eilaufträge usw.	Große Bereitschaft zur flexiblen Reaktion auf Störungen, Eilaufträge usw. innerhalb des Produktionsteams
Bei Störungen (Krankheit, Urlaub, Maschinenausfall usw.) geringe Spielräume möglich, da die Personen nur begrenzt an "fremden" Maschinen einsetzbar sind	Bei Störungen (Krankheit, Urlaub, Maschinenausfall usw.) innerhalb der Produktionsteams große Spielräume zur Begrenzung der Störungsauswirkungen
4.3 Arbeitssituation	
Geringe Möglichkeiten der Zusammenarbeit, keine Teamarbeit, geringe Kommunikationsmöglichkeiten	Gute Möglichkeiten der Zusammenarbeit, Teamarbeit, gute Kommunikationsmöglichkeiten
Geringe Handlungs- oder Entscheidungsspielräume durch starre, ggf. kurzfristige Arbeitszuweisung, keine Wahlmöglichkeiten bezüglich Bearbeitungsreihenfolge	Relativ große Handlungs- oder Entscheidungsspielräume durch mittelfristige Eingabe von Arbeitsbündeln in die Produktionsteams, Wahlmöglichkeiten bezüglich der geeigneten Bearbeitungsreihenfolge, interne Arbeitsverteilung
Geringe Überschaubarkeit der Prozesse und des Fertigungstandes, dadurch Konkurrenzerscheinungen, diffuse Schuldzuweisungen, Konflikte, geringe Motivation zur Identifikation mit der Gesamtaufgabe und zur Verantwortungsübernahme	Gute Überschaubarkeit der Prozesse; Förderung des Teamgeistes durch Teamarbeit, hohe Motivation zur Identifikation mit der Gesamtaufgabe und zur Verantwortungsübernahme, dadurch Verringerung des Konfliktpotentials
Starke Abhängigkeit vom Führungspersonal, da man nur Einblick in die eigene Arbeit hat, dadurch Verzögerungen, keine Förderung des Teamgeistes	Geringere Abhängigkeit vom Führungspersonal durch Selbstregulierung über Gruppenprozesse, dadurch keine Verzögerungen durch Warten auf Anweisungen oder Fehlerbewertung und -behebung
Kaum Lern- und Qualifikationsmöglichkeiten über den eigenen Arbeitsplatz hinaus	Gute Lern- und Qualifikationsmöglichkeiten über den eigenen Arbeitsplatz hinaus durch gegenseitiges Anlernen, Problemlösung, Prozeßoptimierung
Hoher Aufwand durch Führung jeder Einzelperson, keine Selbstregulierung über Gruppenprozesse	Befreiung des Führungspersonals von der permanenten, detaillierten Steuerung und Überwachung für strategische Führungsaufgaben
Trennung von Produktion und Prüfung, keine Rückkopplung über die Qualität der eigenen Arbeit	Gemeinsames Produzieren und Prüfen, dadurch Rückkopplung über die Qualität der eigenen Arbeit

Siebter Schritt: Ergebnisdarstellung

Die Argumentenbilanz zeigte zunächst, daß zwischen den Modellen 2 und 3 nur relativ geringe Unterschiede in der Bewertung auftraten und es im wesentlichen von der Auftragslage und dem Vorhandensein qualifizierten Personals abhängig ist, ob Modell 2 realisierbar ist.

Modell 1 schnitt gegenüber den beiden anderen Modellen deutlich schlechter ab. Gerade die Ziele, die ursprünglich zur Formulierung des Modells führten ("Das ist am einfachsten." "So ist die schnellstmögliche und sichere Installierung der neuen Fertigungslinie zu erreichen."), schienen mit diesem Modell schwerer erreichbar als mit den Modellen 2 und 3.

Angesichts der aktuell ruhigen Auftragslage schien Modell 3 die besten Erfolgschancen zu haben. Modell 2 kann u.U. in Erwägung gezogen werden, wenn die Nachfrage stark ansteigt, so daß unter deutlicher Personalaufstockung eine Trennung der beiden Fertigungslinien möglich erscheint.

14.2 Prozeßerfahrungen

Bei der Entwicklung und Umsetzung einer Gestaltungslösung sind insbesondere zwei Prozesse zu beachten, die parallel auf unterschiedlichen Ebenen und miteinander verbunden ablaufen:

- o der offene Suchprozeß nach einer Gestaltungslösung und
- o der Gestaltungsprozeß selbst.

14.2.1 Offener Suchprozeß

Traditionell werden Restrukturierungs- und Reorganisationsprozesse linear und technikzentriert durchgeführt. Auf die Problemstellung folgt die Entwicklung einer technisch-wirtschaftlichen Lösung, die anschließend "eingeführt" wird. Problematisch erscheint allenfalls die Akzeptanz durch die Betroffenen, so daß nach "sozialverträglichen" Einführungsstrategien gesucht wird.

Darüber hinaus lassen sich aber weitere Probleme identifizieren:

- o Durch die technisch-wirtschaftlich orientierte Lösungsentwicklung werden wichtige Systemelemente übersehen, z.B. der Mensch, der mit der "technischen Lösung" arbeiten soll. Eine Gesamtoptimierung des Arbeitssystems ist damit nicht möglich. Es findet vielfach nur eine Reparatur am System statt.

- o Der Mensch wird an die technische Lösung "angepaßt". Durch die damit verbundenen Beschränkungen kann der Mensch seine volle Leistungsfähigkeit nicht entfalten. Zudem treten weitere Folgeerscheinungen auf, wie mangelnde Motivation und Identifikation, abnehmendes Verantwortungsbewußtsein usw.
- o Strukturinnovative Lösungen bleiben ausgeschlossen, da die Struktur selbst nicht zur Disposition steht.
- o Bei der Einführung treten in der Regel so große Probleme auf, daß nachträglich doch ein Anpassungsprozeß mit meist sehr hohem Aufwand durchgeführt werden muß.
- o Entwicklungs- und Einführungsprozesse finden unter mehr oder weniger dynamischen Rahmenbedingungen (Marktentwicklung, Konjunktur, Unternehmenspolitik) statt, die für die Projektbeteiligten nicht vorhersehbar, nicht beeinflußbar und nicht steuerbar sind. Eine Anpassung auftretender veränderter Rahmenbedingungen während des Projekts ist bei linearen Prozessen nur schwer und mit erhöhtem Aufwand möglich.

In einem offenen Suchprozeß läßt sich hingegen das Ziel verfolgen, durch Berücksichtigung aller wichtigen Anforderungen aus Technik, humanzentrierter Organisationsgestaltung, Qualifikationsentwicklung, Arbeitsschutz und Wirtschaftlichkeit eine gesamtoptimierte, innovative Lösung zu finden.

Der offene Suchprozeß erfordert eine von der technikzentrierten, linearen Prozeßführung verschiedene Herangehensweise. Kennzeichnend sind insbesondere folgende Aspekte (vgl. ULRICH, PROBST 1990):

- o **Ganzheitlichkeit**

  Zielkataloge, Lösungsansätze und Umsetzungswege werden unter ständiger Einordnung in das Gesamtsystem entwickelt.

- o **Interdisziplinarität**

  Alle betroffenen Fachgebiete werden in den Prozeß integriert. Damit wird vermieden, daß wichtige Zielbeiträge im Entwicklungsprozeß nicht übersehen werden. Das bedeutet auch eine Beteiligung mitbetroffener anderer Abteilungen. So werden eindimensionale Entwicklungen und Schnittstellenprobleme frühzeitig vermieden.

- o **Beteiligung**

  Die Berücksichtigung verschiedener Aspekte erfordert auch die Zusammenarbeit von Experten und Betroffenen unterschiedlicher Prägung, Qualifikation und betrieblicher Zugehörigkeit. Die Betroffenen werden in den Lösungsprozeß kreativ eingebunden.

- **Vernetzung**

  Das Denken in vernetzten Strukturen bezieht sich einerseits auf die inhaltliche Ebene (z.B. das Zusammenwirken der Abteilungen, Fertigungsgruppen und einzelner Mitarbeiter) und andererseits auf die methodische Ebene des Prozeßablaufs. Dabei werden in einem spiralförmigen Optimierungsprozeß durch Rückkopplungen immer wieder Analysen und Bewertungen des Entwicklungsstands, Überprüfungen der Ziele und Anforderungen, Weiterentwicklungen der Lösungsansätze, Qualifizierungen und Erprobungen vorgenommen (vgl. Abbildung 8.2). Konzeptentwicklung und Umsetzung greifen in einem integrierten Prozeß ineinander. Diese Rückkopplungsprozesse erlauben damit auch die laufende Berücksichtigung veränderter Rahmenbedingungen und des jeweils aktuellen Wissens- und Erfahrungsstands (Abbildung 14.2).

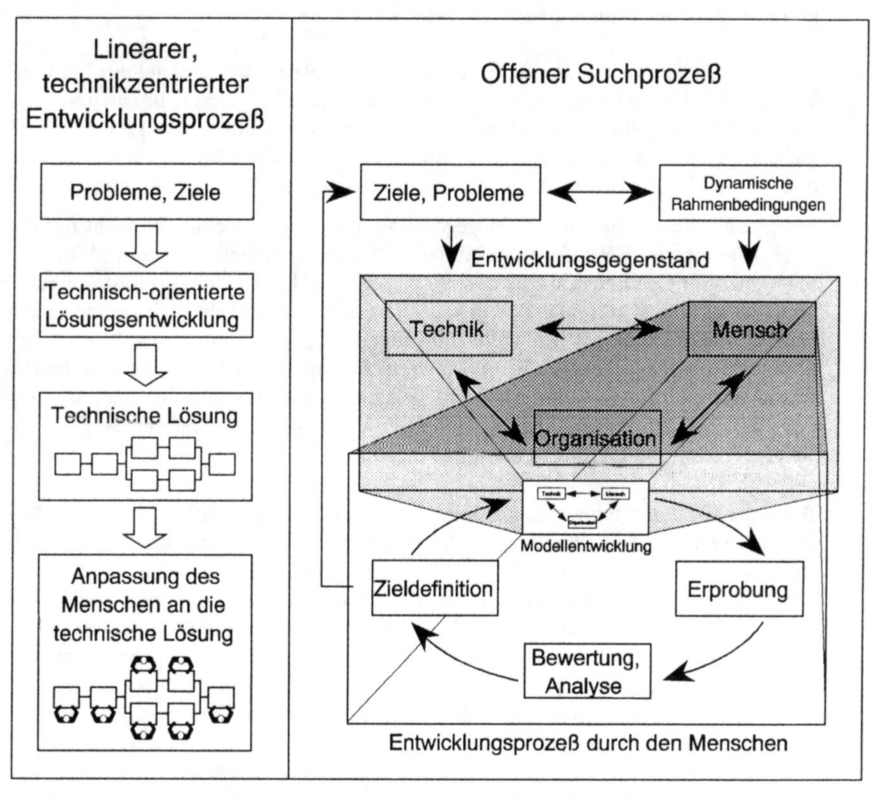

Abbildung 14.2: Vergleichende Darstellung der Prozeßabläufe für den linearen, technikzentrierten Entwicklungsprozeß und den offenen Suchprozeß

In der Praxis des offenen Suchprozesses stehen diesen Leistungsmerkmalen einige Schwierigkeiten gegenüber:

- In den betrieblichen Entwicklungsprojekten ist in der Regel technisch geschultes Personal beteiligt, das von seiner nicht-akademischen oder akademischen Ausbildung und auch seinem Erfahrungswissen her stark an linearen Denkstrukturen orientiert ist. Hier sind Ziel und Weg bei Entwicklungsbeginn zumindest scheinbar klar definiert, Störeinflüsse werden so weit wie möglich ausgeschlossen, und eine Entwicklungsphase beginnt mit dem Abschluß der vorherigen Phase.[11]

  Beteiligte an Suchprozessen tun sich deshalb zunächst schwer, kybernetisch zu denken, denn hierzu müssen sie vielfach ihre gewohnte Denkwelt, in der sie sich sicher fühlen, verlassen. In einem offenen Suchprozeß ist der Weg zum Ziel nicht eindeutig vorgezeichnet, sondern muß "gesucht" werden und auch der Zielkatalog kann sich im Laufe des Entwicklungsprozesses verändern.

- Traditionelle Entwicklungsprojekte werden in der Regel so durchgeführt, daß außerhalb des Entwicklungsgegenstands stehende Gestalter diesen bearbeiten. Der Entwicklungsprozeß und die gefundene Lösung hat dabei nur sehr begrenzt Einfluß auf die eigene Arbeitssituation der Gestalter. Die vom Projekt Betroffenen werden in den Entwicklungsprozeß nur peripher einbezogen.

  Bei einem offenen Suchprozeß hingegen sind alle Prozeßbeteiligten - nicht nur die stärker beteiligten Betroffenen - Teil des Entwicklungsprozesses. Das gilt bis zu einem gewissen Grad auch für externe Experten. Der Entwicklungsweg ist nur schemenhaft erkennbar und alle Beteiligten müssen flexibel auf die sich verändernden Prozeßentwicklungen und Rahmenbedingungen reagieren. Zum Teil kann über den übernächsten Entwicklungsschritt noch keine Aussage gemacht werden. Für die Betroffenen besteht eine weitere Unsicherheit darin, daß ihre Arbeitssituation durch den Entwicklungsprozeß ständig verändert wird und sie sich damit auf häufig wechselnde Strukturen und Regeln einstellen müssen.

- Auch die für den offenen Suchprozeß notwendige Zusammenarbeit von Projektbeteiligten verschiedener Prägung, Qualifikation, betrieblicher Zugehörigkeit und Interessen bringt Probleme mit sich. Die Fachsprachen und Denkmuster werden nicht von allen in gleicher Weise verstanden oder treffen auf Unverständnis. Gleiche Begriffe werden mit unterschiedlichen Inhalten besetzt, so daß Mißverständnisse und Konflikte auftreten. Interdisziplinäre Kommunikationsfähigkeit kann nicht von vornherein als gegeben unterstellt werden. Spannungen treten auch durch unterschiedliche Interessen und Bewertungen auf. Diese Erscheinungen können den Entwicklungsprozeß u.U. stark hemmen.

---

[11] Neuere, davon abweichende Ansätze werden in letzter Zeit verstärkt unter dem Begriff "simultaneous engeneering" diskutiert.

- o Hinzu kommt die steigende Komplexität des Prozesses gegenüber einer linearen Entwicklung. In der Regel sind deutlich mehr Personen und Gruppen in das Projekt eingebunden, von denen unterschiedliche Aspekte (Wissen und Erfahrungen) eingebracht werden. Der mehrdimensionale Zielkatalog erfordert die Beachtung zahlreicher Gestaltungskriterien in unterschiedlichen Dimensionen. Zudem muß mit dynamischen Veränderungen gerechnet werden.

  Insbesondere Personen mit technischer Ausbildung sind im Umgang mit komplexen, "lebenden" Systemen wenig vertraut. Es fehlen ihnen Strategien zum Umgang mit Komplexität. Sie neigen dazu, über die Detailbetrachtung den Überblick über den Gesamtzusammenhang des Netzwerks zu verlieren. Iterationsprozesse sind ihnen in der Regel nur bei technischen Fragestellungen (z.B. Fehlersuche), nicht aber bei sozialen und organisatorischen Gestaltungsprozessen geläufig.

- o Schließlich treten insbesondere in der Anfangsphase Schwierigkeiten bei der Systemabgrenzung des Gestaltungsgegenstands auf (vgl. Kapitel 7.1, Funktionsintegration). Denn wo die Systemgrenzen zu ziehen, wo und wie die Schnittstellen zu gestalten sind, entscheidet sich vielfach erst im Laufe des Entwicklungsprozesses.

Die aufgeführten typischen Hemmnisse rufen zunächst eine Verunsicherung der Prozeßbeteiligten hervor. Insbesondere Beteiligte kleiner und mittlerer Betriebe fürchten, die Kontrolle über den Entwicklungsprozeß zu verlieren, ihn unnötig aufzublasen und langwierige uneffektive Prozeduren und Verhandlungen durchführen zu müssen. Sie stehen damit dieser Herangehensweise zunächst skeptisch bis ablehnend gegenüber.

Im Gegensatz zu den Problemen der linearen Projektentwicklung sind die o.g. Schwierigkeiten beim offenen Suchprozeß zum einen lösbar. Probleme, die beim linearen Gestaltungsansatz erst im nachhinein erkannt werden und über mehr oder weniger großen Anpassungsaufwand oft nur unzureichend korrigierbar sind, werden hier im Sinne der präventiven und prospektiven Gestaltung zu frühen Zeitpunkten ermittelt und gelöst. Zum anderen sind z.B. Komplexität und die Einbindung von Experten (einschließlich der Betroffenen) verschiedener Fachgebiete für den Entwicklungsprozeß mit dem Ziel der Gesamtoptimierung notwendig und nützlich. Es gilt aber, Strategien zum Umgang mit der Komplexität und zur Zusammenarbeit zu entwickeln. Aus der Projekterfahrung können deshalb einige Empfehlungen gegeben werden, die die Durchführung von Entwicklungsprojekten im offenen Suchprozeß fördern.

- o Das Zusammenführen der Prozeßbeteiligten zu einem Projektteam ist zunächst ein sozialer Prozeß. Vorbehalte und Vorurteile müssen abgebaut, eine gemeinsame Vertrauensbasis und Sprache muß gefunden werden. Solche sozialen Prozesse benötigen ausreichend Zeit. Sie können aber mit Hilfe gruppendynamischer Methoden gefördert werden. Hierzu gehören Befragungen, Diskussionen, vorbereitende Aufgaben, die in Kleingruppen zu bewältigen sind, spielerische Übungen, die an die Zusammenarbeit im Team und die Methodik des Suchprozesses heranführen. Bedenken und Widerstände, hinter denen sich meist Unsicherheiten, Ängste und Qualifikationsdefizite verbergen, sind ausführlich zu diskutieren.

Erfahrungsgemäß wird diese Einstiegsphase zu kurz angesetzt. Das hier eingesetzte "Kapital" zahlt sich aber im weiteren Prozeßverlauf wegen der geringeren Reibungsverluste und effektiv-kreativer Kooperation aus.

- o Die o.g. Schwierigkeiten weisen auch auf Qualifikations- und Sensibilitätsdefizite hin. Die Einführungsphase sollte deshalb auch auf den Abbau solcher Defizite hinwirken. Das kann geschehen durch Arbeitsgespräche, in denen die verschiedenen Prozeßbeteiligten ihre Sicht der Problemlage und Lösungsvorschläge zur Diskussion stellen. Alle genannten Aspekte sollten auf einer Wandzeitung grafisch dargestellt und zueinander in Beziehung gesetzt werden.

  Datenerfassungen, Befragungen und Analysen sollten die Beteiligten möglichst selbst durchführen. Dabei ist die Beteiligung von jeweils fachfremden Sachverhalten mindestens ebenso wichtig wie das Einbringen der eigenen Fachkompetenz.

- o Offene Suchprozesse sind in der Regel komplexe Prozesse. Der Umgang mit Komplexität ist nicht leicht und muß eingeübt werden. Der Suchprozeß muß in Teilprozesse und überschaubare Prozeßschritte strukturiert werden.

  Teilprozesse waren im vorliegenden A&T-Projekt z.B. Arbeitsgestaltungen, Entwicklung eines Planungs- und Steuerungskonzepts oder die Qualifikationsentwicklung. Die Teilprozesse beeinflussen sich gegenseitig. Um diese Vernetzung zu erhalten, sind die Teilprozesse parallel voranzutreiben werden (z.B. ergeben sich aus dem Prozeß der Arbeitsgestaltung konkrete Qualifizierungsinhalte und aus dem Qualifizierungskonzept Anforderungen an die Arbeitsgestaltung). Hierfür eignet sich die Einrichtung von Arbeitsgruppen, die sich personell überschneiden und durch regelmäßige übergeordnete Besprechungen den aktuellen Entwicklungsstand diskutieren (Gesamtprojektgruppe, Abteilungsversammlungen).
  Durch Unterteilung der Teilprozesse in Prozeßschritte wird das Vorgehen überschaubar dargestellt, so daß alle Beteiligten sich jederzeit über den Stand des Entwicklungsprozesses informieren können. Eine strikte zeitliche Trennung der Prozeßschritte ist allerdings für den Entwicklungsprozeß nicht förderlich. Die Prozeßschritte werden im Laufe des iterativen Optimierungsprozesses mehrfach durchlaufen.

14.2.2 Gestaltungsprozeß

Gegenstand des Gestaltungsprozesses war die Hybridgruppe mit ihren Strukturen, Regeln und Einrichtungen, die es im Sinne der Zielsetzung des A&T-Projekts zu verändern und weiterzuentwickeln galt. Der systemischen Denkweise folgend müssen dabei auch die mit diesem Gegenstand in Beziehung stehenden Systemelemente berücksichtigt werden. Auf das Personal bezogen sind das auf der einen Seite die einzelnen Beschäftigten der Hybridgruppe und auf der anderen Seite das Unternehmen E–T–A mit seinen Abteilungen und Stabsstellen, insbesondere der Abteilung "Elektronik", in die die Hybridgruppe eingegliedert ist (vgl. Abbildung 14.3).

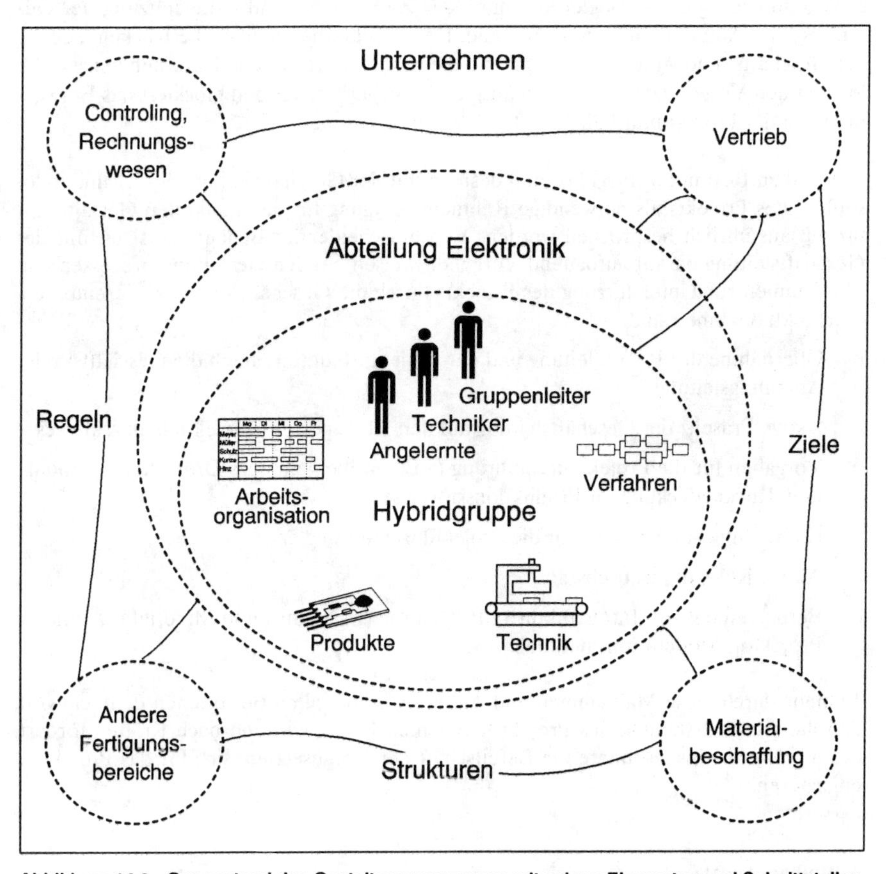

Abbildung 14.3: Gegenstand des Gestaltungsprozesses mit seinen Elementen und Schnittstellen

Es ist deshalb notwendig, daß alle Betroffenen am Gestaltungsprozeß beteiligt sind. Das Projekt muß auf den drei Hierarchieebenen "Geschäfts- und Abteilungsleitung", "Vorgesetzte" und "Beschäftigte" (Techniker und Angelernte) nach strategischen Gesichtspunkten im wesentlichen parallel ein- und durchgeführt werden. Dabei sind unterschiedliche Aspekte zu beachten.

Top-down-Ansatz

Für die effektive Gestaltung des Entwicklungsprozesses ist es wichtig, daß sich Vorgesetzte, Beschäftigte und Begleitforschung der Zustimmung und Unterstützung der Geschäfts- und Abteilungsleitung sicher sind. Denn Unklarheiten über die Rückendeckung der Geschäfts- und Abteilungsleitung und die von ihnen vertretene Unternehmenspolitik löst bei den Vorgesetzten und Beschäftigten Unsicherheit aus und blockiert das Engagement bei der Projektmitarbeit.

Vor und zu Beginn des Projekts muß deshalb mit der Geschäftsleitung die "Grundphilosophie" des Projekts als notwendige Rahmenbedingung für den konkreten Gestaltungsprozeß ausführlich besprochen werden. Von entscheidender Bedeutung ist es, mit der Geschäftsleitung darauf aufbauend Vorgehensweisen bei den Gestaltungsprozessen und Maßnahmen zur Unterstützung des Projekts durch die Geschäftsleitung zu vereinbaren. Solche Maßnahmen sind:

- o Übernahme der Projektleitung und der Projektpromotion durch die Geschäfts- oder Abteilungsleitung
- o Aktive Präsenz der Geschäftsleitung auf den Sitzungen des Projektlenkungskreises
- o Vorgaben für die Projektdurchführung (z.B. vorübergehendes Drosseln der Produktion, Rückendeckung für Produktionsstörungen)
- o Freistellung von Personal für die Projektdurchführung
- o Aktive Rolle des Betriebsrats
- o Bereitstellung von Infrastruktur (z.B. Besprechungsraum) und Material (Overhead-Projektor, Moderationsmaterial, usw.)

Je mehr durch diese Maßnahmen und Äußerungen bei allen Betroffenen deutlich wird, daß die Geschäftsleitung das Projekt und seinen Erfolg will und nach Kräften fördert, desto größer ist insbesondere die Bereitschaft der Vorgesetzten, sich für das Projekt zu engagieren.

Mittelbau-Ansatz

Von entscheidender Bedeutung ist auch, daß die Vorgesetzten für das Projekt und die Vorgehensweisen gewonnen werden können. Aufgrund ihres Status sind sie in der Lage, das Projekt durch ihr Engagement entweder sehr wirksam voranzubringen oder auch zum Scheitern zu bringen. Sie sind die eigentlichen Projektmanager vor Ort und als Promotoren des Projekts unverzichtbar.

Im vorliegenden Fall kommt den Vorgesetzten noch zusätzliche Bedeutung zu, da sie nach Abschluß des A&T-Projekts aus eigener Initiative die Innovationsfähigkeit der Hybridgruppe erhalten sollen.

Gerade bei den Vorgesetzten können Hemmnisse auftreten, die zu beachten sind: Zum einen sind die Vorgesetzten von den zu erwartenden Veränderungen selbst stark betroffen. Durch die Verlagerung von Aufgaben in sich selbststeuernde Produktionsteams gehen ihnen gewohnte Kompetenzen und Kontrollmöglichkeiten verloren. Neu hinzukommende Aufgaben wie kooperative Personalführung, Qualifizierung und Projektmanagement sind zunächst zu erlernen. Zum anderen sind sie als Führungskräfte mit Personalverantwortung u.a. dafür zuständig, daß keine personellen Schwierigkeiten auftreten und die Produktion möglichst ohne Störungen oder Beschwerden läuft. Für die Vorgesetzten ist schon früh erkennbar, daß im Projektverlauf in beiden Zuständigkeitsbereichen Probleme auftreten werden. Zu der meist unverändert weiterlaufenden Produktion kommt konkurrierend die Projektarbeit hinzu, so daß zeitweise entweder das eine oder das andere vernachlässigt werden muß. Durch Umstellungen und Umstrukturierungen ist zumindest vorübergehend mit Produktionsstörungen und Qualitätseinbußen zu rechnen. Zudem muß das eingespielte Sozialgefüge verändert werden, was ohne Spannungen nicht erreichbar scheint.

Aus den bisherigen Erfahrungen wissen die Vorgesetzten, daß sie für solche Störungen verantwortlich gemacht werden. Da ihnen die gewohnten Steuerungsinstrumente im Projektverlauf genommen sind und der Umgang mit dem neuen Führungsstil und den im Projektverlauf selbstbewußter gewordenen Mitarbeitern noch nicht vertraut ist, fürchten sie Kontrollverluste über den ihnen anvertrauten Fertigungsbereich. Aus ihrer Sicht überwiegen deshalb die Nachteile und Sorgen gegenüber den Chancen.

Diese Bedenken gilt es besonders ernst zu nehmen und so weit wie möglich zu entkräften. Hierfür ist ausreichend Zeit anzusetzen. Dies kann geschehen durch

- offene Diskussion aller Bedenken,
- Zuspruch und Schaffung von Zeit- und Gestaltungsspielräumen zur Projektdurchführung durch die Geschäftsleitung (s.o.),
- Versicherung der Unterstützung durch die Begleitforschung,
- Problemsensibilisierung (s.u.) und
- Aufzeigen von Lösungsmöglichkeiten und deren Chancen (s.u.).

Gelingt es nicht, die Bedenken der Vorgesetzten auszuräumen und sie als Promotoren des Projekts für die Unterstützung der partizipativen Gestaltungsprozesse zu gewinnen, bleiben die Projektansätze von Externen aufgezwungene und erkämpfte Konzepte, die nach Projektende weitgehend wieder durch die ursprünglichen Strukturen ersetzt werden.

Bottom-up-Ansatz

Mit Hilfe des Beteiligungsansatzes sind auch die Beschäftigten - hier Techniker und Angelernte - von Beginn an zur Projektmitarbeit zu gewinnen. Ähnlich wie die Vorgesetzten sind sie von den zu erwartenden Veränderungen stark betroffen. Ihre Arbeitsstrukturen werden neu gestaltet und durch neue Aufgaben kommen erhöhte Anforderungen auf sie zu.

Das Qualifikationsniveau ist insbesondere bei den Angelernten sehr unterschiedlich. Ihre Kenntnisse beruhen zum großen Teil auf Erfahrungen bei der Arbeit. Das erschwert ihnen einerseits die realistische Einschätzung der Veränderungen und andererseits erscheint ihnen die Projektbeteiligung als zu kompliziert.

Die Unsicherheit über das, was auf sie zukommt, erzeugt Skepsis gegenüber dem Entwicklungsprojekt. Es überwiegt zunächst die Tendenz, Bekanntes zu bewahren und gegen Veränderungen zu verteidigen, auch wenn damit unangenehme, z.T. verdrängte Begleiterscheinungen wie Monotonie oder Gefahrstoffbelastungen verbunden sind.

Bereits in der Anfangsphase des Projekts wurde in Diskussionen, Befragungen und Ermittlungen ein offenes Ansprechen von Problemen angeregt. In der Vergangenheit haben die Betroffenen damit z.T. sehr negative Erfahrungen gemacht, was u.a. mit dem personenbezogenen Fehlerursachenverständnis insbesondere der weniger gut qualifizierten Beschäftigten zusammenhängt. Man fürchtet einerseits die Reaktionen der meist indirekt Kritisierten, insbesondere der Vorgesetzten, und andererseits das Sichtbarwerden eigener Defizite. Durch diese Verschlossenheit wird die Sensibilisierung der Betroffenen für bestehenden Handlungsbedarf und die sachliche Defizitanalyse erschwert.

Schließlich fürchten die Betroffenen, daß mit dem Projekt "Rationalisierungen", d.h. höhere Belastungen und Arbeitsplatzabbau, verbunden sind, sie also mit ihrer Projektmitarbeit ihren eigenen Arbeitsplatz überflüssig machen.

Diesen Ängsten stehen aber Anreize gegenüber, die die Motivation zur Beteiligung erhöhen können. Hierzu gehören

- Chancen, die eigenen Arbeitsbedingungen gestalten und beeinflussen zu können,
- Anerkennung der Beschäftigten als Experten,
- Möglichkeit der Einbringung eigener Ideen und Bedenken,
- gemeinsame Projektbearbeitung mit fachkundiger Betreuung,
- Statuserhöhung,
- Möglichkeit, sich höher zu qualifizieren,
- Beseitigung oder Reduzierung von Belastungen und Gefahren sowie
- Verbesserung der Arbeitsbedingungen.

Es ist deutlich geworden, daß auf allen betroffenen Hierarchieebenen zahlreiche ernstzunehmende Hemmnisse auftreten können, die den Gestaltungsprozeß behindern können. Für den Erfolg des Projekts ist deshalb die Beseitigung der Hemmnisse und die Schaffung und Absicherung einer vertrauensvollen Basis für die weitere Zusammenarbeit mitentscheidend. Für diesen Einführungsprozeß des Projekts ist auf allen drei Ebenen ausreichend Zeit vorzusehen (vgl. Kapitel 14.2.1).

Die drei den jeweiligen Hierarchieebenen zugeordneten Ansätze wirken auf die jeweils anderen Ebenen ein. So fördert z.B. die Geschäftsleitung durch Freistellung von Beschäftigten die Projektarbeit auf den Ebenen der Führungskräfte sowie der Techniker und Angelernten. Um einen zielgerichteten, homogenen Projektablauf zu erreichen, bei dem "alle an einem Strang ziehen", sind diese Einwirkungsprozesse zeitlich-inhaltlich zu koordinieren. Initiativen müssen zu geeigneten Zeitpunkten mit abgestimmten Zielrichtungen erfolgen, wenn sie das Ziel, den Gestaltungsprozeß zu fördern, erreichen sollen. Damit diese Koordination funktioniert, muß der Informationsfluß zwischen den Beteiligten aller Hierarchieebenen sichergestellt werden.

Ein wichtiger Ansatz des Gestaltungsprozesses ist der Beteiligungsansatz (vgl. Kapitel 6.3), der sich insbesondere an die unmittelbar Betroffenen richtet. Die Betroffenen sollen dabei selbst den größten Teil des Entwicklungsprozesses bestreiten.

Im Projektverlauf hat sich gezeigt, daß vorgefertigte Konzepte grundsätzlich wenig Aussicht haben, von den Betroffenen akzeptiert zu werden. Um mit Hilfe von externen Inputs Entwicklungsprozesse auszulösen, hat sich dagegen ein offenes Vorgehen bewährt:

1) Sensibilisierung für Defizite
   - Qualifizieren und Probleme der Praxis diskutieren
   - Handlungsbedarf aufzeigen
   - Bisherige Strukturen in Frage stellen durch Befragungen, Analysen, Informieren

2) Informieren über Lösungsmöglichkeiten
   - Sensibilisierte Inhalte aufgreifen und verschiedene Möglichkeiten zur Verbesserung durch Lehrgespräche, Kurzvorträge, Übungen, gemeinsames Brainstorming aufzeigen

3) Beraten und Begleiten
   - Initiativen der Beschäftigten aufgreifen und fördern
   - Experimentiergeist wecken
   - Wege diskutieren und bewerten
   - Den Entwicklungsprozeß entlang der Zielsetzungen leiten
   - Hilfreiche Informationen weitergeben

Dieses Vorgehen zeichnet sich dadurch aus, daß es den Grundgedanken des Beteiligungsansatzes umsetzt: Die Betroffenen gestalten ihre Arbeit unter Berücksichtigung ihrer Erfahrungen und externer Inputs weitgehend selbst und werden hierfür von außen unterstützt.

Externe Berater haben hierbei zunächst die Vorteile, daß sie von neutraler Seite neue Ansätze einbringen und auf Betriebsblindheiten hinweisen können. Auf der anderen Seite ist es ihr erklärtes Ziel, die "alten bewährten Strukturen" zu verändern. Sie werden deshalb von den Betroffenen zunächst als unkalkulierbare Bedrohung empfunden. Sie sollten möglichst als Berater in Erscheinung treten, die auf die Bedürfnisse der Betroffenen flexibel eingehen.

Die externe Unterstützung bezieht sich somit schwerpunktmäßig auf eine begleitende Qualifizierung insbesondere der Angelernten, um sie zu befähigen, aktiv am Entwicklungsprozeß teilzunehmen, ihr Expertenwissen für den Entwicklungsprozeß auszuschöpfen und eigene Erprobungen durchführen zu können.

Auf diese Weise entwickeln sich die Betroffenen nicht nur zu Experten bei der Arbeit in den Arbeitssystemen, sondern auch zu Experten zur Anpassung der Arbeitssysteme an die sich dynamisch verändernden Rahmenbedingungen.

Anhang

A1 Literatur

ALTMANN, N.: Zukunftsaufgaben der Humanisierung des Arbeitslebens. Eine Studie zu sozialwissenschaftlichen Forschungsperspektiven. Band 91. Schriftenreihe Humanisierung des Arbeitslebens. Frankfurt, New York 1987

ALTMANN, N.; DÜLL, K.; LUTZ, B.: Zukunftsaufgaben der Humanisierung des Arbeitslebens. Band 91. Schriftenreihe Humanisierung des Arbeitslebens. Frankfurt, New York 1988

AUCH, M.: Seminarleitfaden "Besser planen". Ein neues Verfahren zur integrativen Planung technischer Innovationen. In: Amtliche Mitteilungen der Bundesanstalt für Arbeitsschutz. Sonderdruck. Auszug aus dem Forschungsbericht Nr. 598. Gottschalk, B.: Wissenschaftliche Begleitung der Umsetzung erweiterter Wirtschaftlichkeitsrechnungen. Dortmund 1991

AWF - AUSSCHUSS FÜR WIRTSCHAFTLICHE FERTIGUNG E.V. (Hrsg.): Flexible Fertigungsorganisation am Beispiel von Fertigungsinseln. Eschborn 1984

AWF - AUSSCHUSS FÜR WIRTSCHAFTLICHE FERTIGUNG E.V. (Hrsg.): Bestandsaufnahme Fertigungsinseln im deutschsprachigen Raum. Eschborn 1987

BECKER, H.; LANGOSCH, I.: Produktivität und Menschlichkeit. Organisationsentwicklung und ihre Anwendung in der Praxis. Stuttgart 1986

BRÖDNER, P.: Fabrik 2000. Alternative Entwicklungspfade in die Zukunft der Fabrik. Berlin 1985

CONRADY, P.; KRUEGER, H.; ZÜLCH, J.: Untersuchung der Belastung bei Lupen- und Mikroskoparbeiten. Fb 516. Bundesanstalt für Arbeitsschutz. Dortmund 1987

ELLENBERGER, N.; U.A.: Menschengerechte Gestaltung von Arbeitstechnologien und Arbeitsstrukturen bei Mikroskoparbeitsplätzen in der Fertigung elektronischer Bauteile. Forschungsbericht Humanisierung des Arbeitslebens (Vorphase). Altdorf 1985

E-T-A; SYSTEMKONZEPT; EXPERTEAM SIMTEC; SCIENTIFIC CONSULTING: Unternehmenserfolg ist kein Zufall, sondern Ergebnis optimaler Wirtschaftlichkeit, hoher Produktqualität und der Leistung der Mitarbeiter. Projekt-Prospekt zum A&T-Projekt. Altdorf 1991/93

EXPERTEAM SIMTEC: Fertigungssteuerungs- und -planungsprogramm HybriS. Benutzerhandbuch. Duisburg 1992

FREI, F.: Beteiligung und Selbstregulation von Ungelernten im CIM-Umfeld - Das "Baugruppenprojekt" bei Alcatel STR -. In: WSI-Mitteilungen (1993) Nr. 2

FRESE, M.: Software für die Arbeit von morgen. Ergänzung zum Tagungsband. Vorwort der Herausgeber. DLR/Projektträger "Arbeit und Technik". Bonn 1/1991

GOTTSCHALK, B.: Wissenschaftliche Begleitung der Umsetzung erweiterter Wirtschaftlichkeitsrechnung. Fb 598. Bundesanstalt für Arbeitsschutz. Dortmund 1989

HAMACHER, W.; BARTH, C.: Internes Arbeitspapier zur Vorgehensweise beim Transfer neuer Technik. Köln 1992

HAMACHER, W.; BARTH, C.; SCHMIDT-WEINMAR, H.G.: Humanisierung bringt Gewinn. Fachtagung an der Technischen Universität Dresden. Unveröffentlichtes Manuskript. Köln 1990

HAMACHER, W.; KLIEMT, G.; SCHWERHOFF, U.: Menschengerechte Gestaltung von Arbeitstechnologien und Arbeitsstrukturen bei Mikroskoparbeitsplätzen in der Fertigung elektronischer Bauteile. Unveröffentlichte Zwischenpräsentation zum Projekt. Köln 1988

HAMACHER, W.; KLIEMT, G.; SCHWERHOFF, U.: Menschengerechte Gestaltung von Arbeitstechnologien und Arbeitsstrukturen bei Mikroskoparbeitsplätzen in der Fertigung elektronischer Bauteile. Antrag zur Realisierungsphase, E-T-A Elektrotechnische Apparate GmbH. Altdorf 1989

HAMACHER, W.; PAPE, D.: Effiziente PPS-Einführung - Voraussetzung für zukunftssichere Mittelbetriebe. Köln 1991

HAMACHER, W.; SCHMIDT-WEINMAR, H.G.; THIENEL, A.: Simulation in der Arbeitsvorbereitung. In: Zeitschrift für Arbeitsvorbereitung. (1991 A) Nr. 1, S. 21 - 23

HAMACHER, W.; SCHMIDT-WEINMAR, H.G.; THIENEL, A.: Entscheidungshilfen im Dialog zur Selbststeuerung von Arbeitsgruppen. In: Software für die Arbeit von morgen. Bilanz und Perspektiven anwendungsorientierter Forschung. Ergänzung zum Tagungsband. Projektträgerschaft Arbeit & Technik (Hrsg.). Bonn 1991 B

HOFSTETTER, H.: Software-Entwicklung und Human Factor. Köln 1987

HÜCKEL, D.; KLIEMT, G.: Ermittlung und Beurteilung der Gefährdung durch Gefahrstoffe am Arbeitsplatz - Seminarkonzeption. Bundesanstalt für Arbeitsschutz (Hrsg.). Dortmund 1989

IAO - FRAUNHOFER-INSTITUT FÜR ARBEITSWIRTSCHAFT UND ORGANISATION: Praxiswissen aktuell. CIM - Integration und Qualifikation. Berufliche Bildung im Technologietransfer. Köln 1989

INDUSTRIEGEWERKSCHAFT METALL: "Wir sind doch keine Roboter" - Gesundheitsbelastung an Frauenarbeitsplätzen in der Elektroindustrie. Aktionsprogramm Arbeit und Technik. Der Mensch muß bleiben! Werkstattbericht. Frankfurt a.M. 1992

INDUSTRIEGEWERKSCHAFT METALL: Verfahren zur Erfassung und Beurteilung von Anforderungen - Forschungsbericht und Handlungsanleitung. Aktionsprogramm Arbeit und Technik. Der Mensch muß bleiben! Werkstattberichte 37. Frankfurt a.M. 1988

KAUFMANN, I.; PORNSCHLEGEL, H.; UDRIS, I.: Arbeitsbelastung und Beanspruchung. In: Zimmermann, L. (Hrsg.). Bd. 5, Teil I. Humane Arbeit - Leitfaden für Arbeitnehmer. Belastungen und Streß bei der Arbeit. Reinbek 1982

KIRCHHOFF, B.; GUTZAN, P.: Die Lernstatt. Effektiver lernen vor Ort. Grafenau 1982

KRÜGER, D.; NAGEL, A.; SCHLICHT, H.: Form qualifizierter Produktionsarbeit. Fb 586. Bundesanstalt für Arbeitsschutz. Dortmund 1989

KÜHN, BIRETT (HRSG.): Merkblätter "Gefährliche Arbeitsstoffe", Redaktioneller Stand: Mai 1991

LECHTENBERG, E.; LORENZ, I.: Allergien durch den Umgang mit Gefahrstoffen - Wie können sie vermieden werden. GA 22. Schriftenreihe der Bundesanstalt für Arbeitsschutz. Dortmund 1988

LECHTENBERG-AUFFAHRT, E.; NEUSTADT, F.: Musterbetriebsanweisung für Gefahrstoffe. GA 4. Schriftenreihe der Bundesanstalt für Arbeitsschutz. Dortmund 1989

OPPOLZER, A.: Handbuch Arbeitsgestaltung. Leitfaden für eine menschengerechte Arbeitsorganisation. Hamburg 1989

PESCHKE, H.; WITTSTOCK, M.: Benutzerbeteiligung im Software-Entwicklungsprozeß. Software-Ergonomie. München 1987

PROBST, G.; GOMEZ, P. (Hrsg.): Vernetztes Denken. Unternehmen ganzheitlich führen. Wiesbaden 1989

PROJEKTTRÄGER HUMANISIERUNG DES ARBEITSLEBENS (Hrsg.): Menschengerechte Arbeitsplätze sind wirtschaftlich! Duale Arbeitssituationsanalyse - Ein Verfahren zur Bewertung und Gestaltung von Arbeitssystemen - Leitfaden für Management und Betriebsrat. Bonn 1985

REICHL, H.: Hybridintegration - Technologie und Entwurf von Dickschichtschaltungen. Essen 1987

REMPEL, J.; SCHMIDT-WEINMAR, G.H.; SCHMIDT-WEINMAR, M.: Adaptive Control of Production by Simulation Technique. Intertechno 1990. Budapest 1990

RIEGGER, M.: Lernstatt erlebt. Praktische Erfahrungen mit Gruppeninitiativen am Arbeitsplatz. Ein Modell aus der Produktion. Essen 1983

ROHMERT, W.; LANDAU, K.: Das arbeitswissenschaftliche Erhebungsverfahren zur Tätigkeitsanalyse (AET). Bern, Stuttgart, Wien 1979

SARTORI, P.; PAHLMANN, W.: Stoffbelastung in der Mikroelektronik. GA 36. Schriftenreihe der Bundesanstalt für Arbeitsschutz. Dortmund 1990

SCHEER, A.W.: CIM - Der computergesteuerte Industriebetrieb. Berlin 1987

SCHELTEN, A.: Grundlagen der Arbeitspädagogik. Stuttgart 1987

SCHMIDTKE, H.: Ergonomische Bewertung von Arbeitssystemen - Entwurf eines Verfahrens. Wien 1976

SCHMIDT-WEINMAR, H.G.: Auch mittelständische Unternehmen können die Rechnersimulation als strategisches Instrument nutzen. In: Blick durch die Wirtschaft. Frankfurter Zeitung vom 24.07.1989

SIDHU, A.; U.A.: Arbeitsplatzbelastungen beim Weich- und Hartlöten in der Elektroindustrie. Band 15: Schweißer. Forschungsberichte Humanisierung des Arbeitslebens. Düsseldorf 1987

SJOLUND, A.: Gruppenpsychologische Übungen. Ein Arbeitsbuch mit Begleitmaterial. Weinheim und Basel 1982

SONNTAG, K.; HAMP, ST.; REBSTOCK, H.: Qualifizierungskonzept Rechnergestützte Fertigung. Handreichung zur Vermittlung von Fach-, Methoden- und Sozialkompetenz an Mitarbeiter, erstellt im Auftrag des Bayerischen Staatsministeriums für Arbeit und Sozialordnung. München 1987

STEINACKER, C.: Mitarbeiterbeteiligung bei Umstrukturierungen im Unternehmen. Tagungsvortrag Institute for International Research. Frankfurt a.M. 1993

STIEFEL, R.; KAILER, N.: Problemorientierte Management-Andragogik. München 1982

THIEHOFF, R.: Erweiterte Wirtschaftlichkeitsrechnung - ein Beitrag zur ganzheitlichen Investitionsplanung. In: Prävention im Betrieb. Arbeitsbedingungen gesundheitsgerecht gestalten. Bundesarbeitsblatt Bundesminister für Arbeit und Sozialordnung, Referat Öffentlichkeitsarbeit (Hrsg.). Bonn 1992

THIENEL, A.; RICHTER, K.: Teamarbeit in der Anfragen- und Auftragsabwicklung. Frankfurt a.M. 1990

ULRICH, H.; PROBST, G.: Anleitung zum ganzheitlichen Denken und Handeln. Ein Brevier für Führungskräfte. Bern 1990

UNIVERSUM VERLAGSANSTALT (HRSG.): Gefahrstoffe 1992. Wiesbaden 1992

WARDENBACH, P.; LEHMANN, E.: MAK-Wert Bedeutung und Auswirkung in der Praxis. GA 12. Schriftenreihe der Bundesanstalt für Arbeitsschutz. Dortmund 1989

ZANGEMEISTER, C.: Arbeitssystembewertung in Gießereien: 3-Stufen-Verfahren zur erweiterten Wirtschaftlichkeits-Analyse (EWA). Forschungsberichte Arbeit und Technik in der Gießerei, Band 13, Giesserei-Verlag. Düsseldorf 1988

ZANGEMEISTER, C.: Erweiterte Wirtschaftlichkeits-Analyse (EWA). Grundlagen und Leitfaden für ein "3-Stufen-Verfahren" zur Arbeitssystembewertung. Fb 676. Schriftenreihe der Bundesanstalt für Arbeitsschutz. Dortmund 1993

Richtlinie 89/391/EWG des Rates vom 12. Juni 1989 über die Durchführung von Maßnahmen zur Verbesserung der Sicherheit und des Gesundheitsschutzes der Arbeitnehmer bei der Arbeit. In: Amtsblatt der EG Nr. L 183/1 (Rahmenrichtlinie)

Verordnung über gefährliche Stoffe (Gefahrstoffverordnung - GefStoffV) vom 26. August 1986 (BGBI. I S. 1470) in der Fassung gem. der 3. Änderungs-VO vom 5. Juni 1991 (BGBI I S. 1218)

TRGS 402 Ermittlung und Beurteilung der Konzentrationen gefährlicher Stoffe in der Luft in Arbeitsbereichen (10/1988)

TRGS 555 Betriebsanweisung und Unterweisung nach ¾ 20 GefStoffV (8/1989)

TRGS 900 MAK-Werte 1991 (12/1991)

A2 Verzeichnis der Abbildungen

A3 Verzeichnis der Übersichten